專案管理

國立中興大學資訊管理學系

編著

東華書局

中華民國九十七年七月二日初版

國家圖書館出版品預行編目資料

專案管理 / 沈肇基編著. -- 初版. -- 臺北市:臺灣東華,民
97.08
　面;17x23 公分

ISBN 978-957-483-508 (平裝)

1. 專案管理

494　　　　　　　　　　　　　　　　97016094

版權所有 · 翻印必究

中華民國九十七年八月初版

專案管理

（外埠酌加運費匯費）

編 著 者　　沈　　　肇　　　基
發 行 人　　卓　　劉　　慶　　弟
出 版 者　　臺灣東華書局股份有限公司
　　　　　　臺北市重慶南路一段一四七號三樓
　　　　　　電話：（02）2311-4027
　　　　　　傳真：（02）2311-6615
　　　　　　郵撥：0 0 0 6 4 8 1 3
　　　　　　網址：www.tunghua.com.tw
直營門市 1　臺北市重慶南路一段七十七號一樓
　　　　　　電話：（02）2371-9311
直營門市 2　臺北市重慶南路一段一四七號一樓
　　　　　　電話：（02）2382-1762

專案管理

國立中興大學 資訊管理學系

沈肇基 編著

中華民國九十七年七月二日初版

序

　　很多讀者對於什麼是一個專案並未有具體的認知，所以本書要對於什麼是一個專案做一個釐清。基本上，資訊管理學系的畢業專題就是一個專案，只不過是一個很小型的專案。當您要帶領一團隊要在預定之時程完成一個大型專案時，如果沒有做好妥善分析、規劃、及管理，將會面臨很大的困難。

　　有鑑於專案管理之重要性，引發作者撰寫這本書之動機。坊間雖然有許多專案管理的教科書，但不是過於理論就是太艱深。本書的目標是希望達到易讀、易學、易懂、及內容廣泛，儘可能介紹所有有關專案管理之議題，讓初學者對所有有關專案管理有些認識。

　　全書共有五章：何謂專案、設定專案的目標、專案規劃、專案團隊組織、及專案發展控制。另外，在附錄列出「軟體審核指引」作為軟體開發過程中之審查參考。本書適合大專院校資訊相關科系、工業管理科系、以及管理科學相關科系 (流通管理、企業管理等)，當作專案管理及專題製作教材或部份教材。

　　另外，本書之撰寫是以完全不懂專案管理之讀者為對象，因此也很適合自修或參考。基於環保與節省成本，本書摒除附光碟CD片，改以架設一輔助教學網站 (http://isrc.nchu.edu.tw/pm)，作為讀者與作者互動的平台。該網站除了提供教學投影片外，也將儘可能將本書限於篇幅未付梓之相關題材附加在本網站。其他任何最新資訊，將隨時動態更新。

　　本書特色：內容盡可能包含所有有關專案管理，文字力求淺顯易懂，盡量舉例說明，有教學投影片輔助教學，架設一輔助教學網站作為讀者與作者互動的平台。

　　本書之出版要特別感謝陳妍希、邱淑芬、李秋雯同學，她們花很多時間在校稿及網頁設計上。本書之撰寫及校閱雖力求完美，疏漏之處在所難免，歡迎上網 (http://isrc.nchu.edu.tw/pm) 或電郵 (Email: jjshen@nchu.edu.tw) 指正。

　　　　　　　　沈肇基　民國97年7月2日於中興大學

前言

本書內容分成五個部分：

1. 何謂專案？(What Is a Project?)
   很多同學對於什麼是一個專案？並沒有很具體的認知，所以我們要先對「專案是什麼？」做一些釐清。基本上，在許多大學中系的畢業專題就是一個專案，只不過是一個很小型的專案。

2. 設定專案的目標 (Defining The Goals of a Project)
   一個專案到底要做出什麼東西來？所要完成的理想與境界是什麼？在專案尚未開始前必須先定義清楚。例如在選擇畢業專題題目前，會先去找老師談談要做些什麼。基本上這就是在定義一個專案要做些什麼內容或達成什麼目標。這是進行一個專案非常重要的事，用來奠定專案應如何開始的一個非常重要的步驟。

3. 規劃一個專案 (Planning a Project)
   專案已經定義清楚了，甚至專案建議書（Proposal）也已經被擬定完成。如果確定要做這個專案，就要開始規劃 (Planning)。規劃過程中，要完成專案發展計畫書 (PDP - Project Development Plan)。這個章節主要是說明如何完成 PDP，此文件中應包含那些內容，應該如何進行專案發展規劃。主要有工作分項、網狀圖、時程規劃、設定專案之重要里程碑、預算規劃、單位介面規劃、後勤支援規劃等等。

4. 專案團隊 (Project Team)
   當專案發展規劃完成後，應找誰來執行？這些人應如何組成？必須架構起彼此間的從屬關係，責任及工作職掌等。尤其是專案成員與原有單位組織間，應該如何合作？更是本章的重要議題。還有專案團隊內的各工作小組，應如何分工協調，則是本章的另一個重點。

5. 專案發展控制 (Project Progress Monitoring)
   本章除了介紹專案的各種審核外，並說明在專案進行過程中，必須訂出一些重要的時間點，以進行各種特定目的的審核，用來確定專案是否有按照原來的規劃進行，是否有困難需要協助，需要如何改進等。其中最應強調的專案型態管

理（Project Configuration Management），則是本章的重點，這是專案發展中，一項很重要的工作，專案型態管制得好，專案品質就能保證。

目錄

第一章 何謂專案　1

1.1　專案的特徵 (Project Characteristics)　4
1.2　專案管理程序 (Management Process)　10
1.3　專案之發展程序 (Project Development Process)　18
　　1.3.1　流水式程序 (Water-fall Model)　19
　　1.3.2　拋棄式雛型程序 (Throwaway Prototyping)：　20
　　1.3.3　演進式雛型程序 (Evolutionary Prototyping)　21
1.4　專案經理的情境　22
1.5　本章總結　24

第二章 設定專案的目標　31

2.1　專案的三要件 (The Triple Constraints)　33
　　2.1.1　規格問題 (Performance Spec. Problems)　33
　　2.1.2　時效問題 (Time Problems)　34
　　2.1.3　成本問題 (Cost Problems)　35
2.2　如何開始一個成功的專案　37
　　2.2.1　定義專案 (Define Project)　37
　　2.2.2　何謂專案建議書 (What Is a Project Proposal?)　38
　　2.2.3　策略議題　40

　　　　2.2.4　準備專案建議書的過程 (Proposal Process) . . . .　45
　　　　2.2.5　專案建議書內容 (The Content of Project Proposal)　50
　　2.3　議價與合約 . . . .　53
　　　　2.3.1　合約議價 . . . .　53
　　　　2.3.2　合約協商 . . . .　56
　　　　2.3.3　契約之法定內容 . . . .　56
　　2.4　本章總結 . . . .　58

第三章　專案規劃　　　　　　　　　　　　　　　　　　　　　65

　　3.1　專案發展計畫書 (Project Development Plan) . . . .　69
　　3.2　工作分項架構 (Work Breakdown Structure) . . . .　76
　　3.3　時程規劃及預估 (Scheduling And Budgeting) . . . .　79
　　　　3.3.1　簡易時程規劃 (Scheduling) . . . .　79
　　　　3.3.2　網狀圖 (Network Diagram) . . . .　80
　　　　3.3.3　專題案例 . . . .　84
　　3.4　預算與資源分配 (Budget and Resource Dispatching) . . . .　86
　　　　3.4.1　預算 (Budgeting) . . . .　86
　　　　3.4.2　軟體專案成本估計模式 (Software Cost Model) . .　89
　　　　3.4.3　資源分配 (Resource Allocation) . . . .　95
　　3.5　風險與意外 (Risk and Contingency) . . . .　97
　　　　3.5.1　風險識別與管理 (Risk Identification And Management) . . . .　98
　　　　3.5.2　意外管控 (Contingency Control) . . . .　101
　　3.6　本章總結 . . . .　104

第四章　專案團隊組織　　　　　　　　　　　　　　　　　　　111

　　4.1　人力資源管理 (The Human Resource Management) . . . .　114
　　4.2　專案的組織型式 (The Project Organizations) . . . .　116

    4.2.1　功能式組織架構 (Functional Organization) 117
    4.2.2　專案式組織架構 (Project Organization) 119
    4.2.3　矩陣式組織架構 (Matrix Organization) 121
    4.2.4　準矩陣式組織架構 (Quasi-Matrix Organization) . . 123
    4.2.5　專案內部組織 (Project Team Organization) 126
  4.3　專案經理的角色 (The Role of Project Manager) 128
  4.4　本章總結 (Chapter Summary) 130

第五章 專案發展控制　　　　　　　　　　　　　　**141**

  5.1　專案之控制方法 (The Methods of Project Control) 144
    5.1.1　各階段之應注意項目 (Checklists of Development Stages) 144
    5.1.2　待辦事項表 (Action Item Lists) 147
    5.1.3　工程變更提案 (Engineering Change Proposal - ECP) 149
  5.2　專案型態管理 (Project Configuration Management) . . . 151
  5.3　專案之量化控制 (The Project Control Metrics) 154
    5.3.1　文件化程度分析 (The Documentation Analysis) . . 154
    5.3.2　系統完成度分析 (The System Completeness Analysis) 157
  5.4　本章總結 (Chapter Summary) 160

附錄 A　範例－線上生涯規劃輔助系統概念企劃書　**167**

  A.1　簡介 168
    A.1.1　系統概念圖 168
    A.1.2　易經內容簡介 169
  A.2　易經生涯規劃方法論 171
    A.2.1　方法說明 171
    A.2.2　系統化易經生涯診斷： 173
  A.3　工作分項與時程初步規劃 179

附錄 B 軟體審核指引 (Software Reviews Guidelines)   183

附錄 C XX 計畫工作條款 (SOW of Project XX)   191

附錄 D 縮略字 (Acronyms)   193

附錄 E 專有名詞中英譯對照表   195

第一章

何謂專案

何謂專案
(What is a project?)

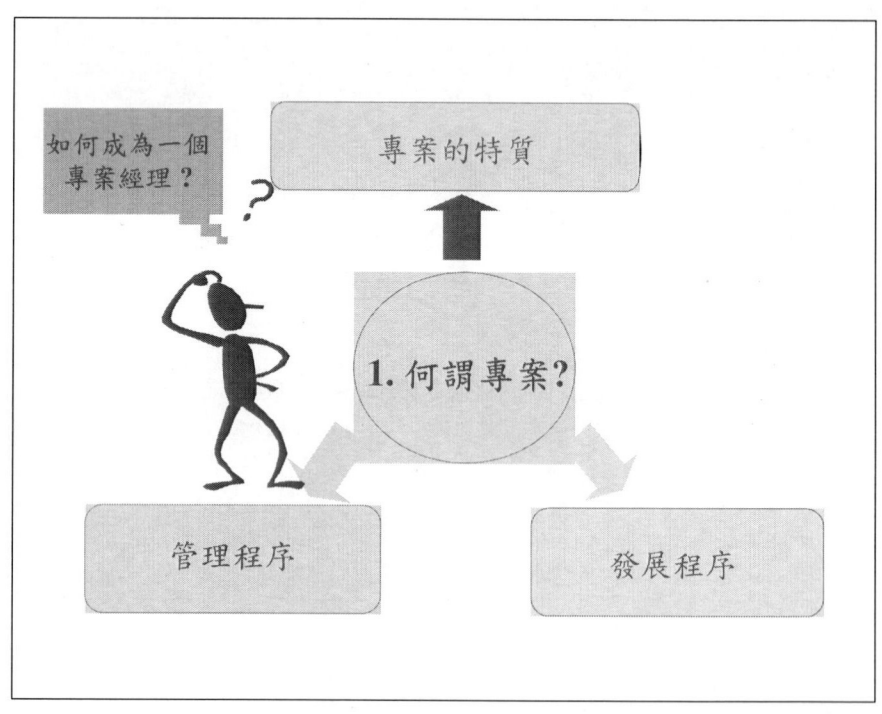

圖1.1: 一個專案的三個面向

什麼是一個專案？圖1.1中以三個面向來定義。

1. 專案特質 (Characteristics)

   主要是從規格、時效及成本三個面向來了解一個專案。規格定義一個專案所完成的產品，依據顧客的需求，應該具備什麼功能。時效是指一個專案，何時開始，何時結束。成本是執行一個專案，從頭到尾總共需要花費多少錢。

2. 管理程序 (Management Process)

   從管理的角度看一個專案，在過程當中，會牽涉到的管理程序。通常區分為定義、規劃、執行、控制等四個階段。把專案的範圍界定出來，最好畫出整個專案的概念圖 (Concept Diagram)。然後按照概念圖的架構，將專案發展過程，清楚的規劃出來，稱為專案發展計畫書 (Project Development Plan - PDP)。接著就依據 PDP 執行，過程中並監控工作的進行，收集各種資訊，當成修正或管理的參考。

3. 發展程序 (Development Process)

   從發展技術的角度，一個專案在開發過程中，會涉及的程序，所使用的技術。這通常與專案產品的生命週期有關，每類產品都有其使用年限的需求，不同的需求，會有不同發展程序。除了需求外，還與開發技術息息相關，所設定的發展程序，必須是在現有技術下可行才可以。

1.1 專案的特徵 (Project Characteristics)

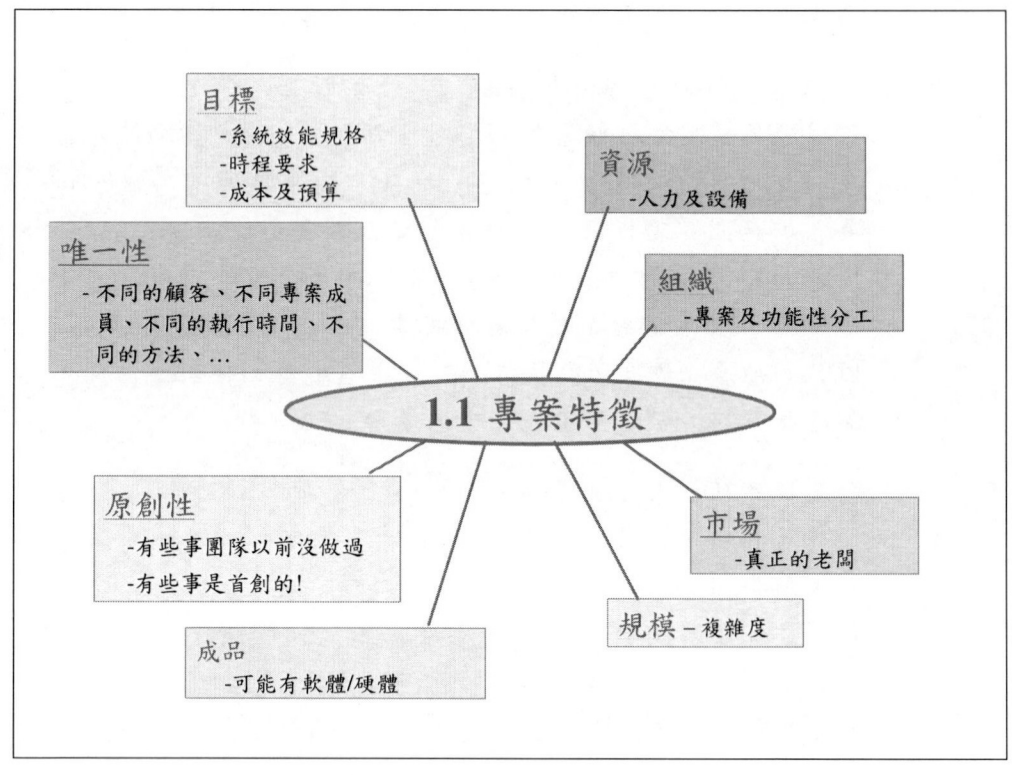

圖 1.2: 專案特徵

專案特徵由八個因素來觀察，目標、唯一性、原創性、成品、資源、組織、市場及規模等八個面向，分別說明如下：

- 目標 (Objective)：

專案目標可用三種不同的「量」來衡量之，規格、時效、成本。

1. 系統規格或效能要求 (Performance Specification)

   專案所要開發對象,可能是客製化的專屬系統、可能是商品、可能是一項創意設計、或是一個社區營造、一項公共工程。其效能規格 (SPECification - SPEC) 要求,當然是執行專案非常重要的依據。將來專案的成敗狀況,就是以 SPEC 為基準來判定,SPEC 直接反應顧客需求。通常 SPEC 的內容包括以下主要項目:

   (a) 系統概念 (System Concept):
   通常包括目標、摘要、簡介、概念圖等。

   (b) 系統範疇 (System Scope):
   定義系統內外部之邊界,以清楚定義何謂系統外部為原則,這可能是使用者或是其他系統。

   (c) 系統功能概述 (System Functional Specifications):
   主要描述功能概念,強調「What」的釐清,不涉及「How」的描述。

   (d) 系統發展特殊需求 (Special Requirement):
   例如發展環境及技術之特殊條件需要,權責、保密及安全需要,特殊資源及後勤需要等等。

   每個專案產品,都有其專屬的系統規格需求必須被滿足。由於如何製訂專案之系統規格,是屬於系統分析的範疇,因此對專案規格製訂方法有興趣的讀者,必須去閱讀系統分析與設計 (System Analysis and Design) 相關的書籍。

2. 時效 (Time Schedule)

   專案要花多久的時間去做?在職場上面,時間要求是很重要的。以 Intel CPU 為例,在 1990 年代時就有一種軍規的 CPU i960,當時就已經有運算雙核心的設計了,即 CPU 內有兩條指令運算單元 (instruction pipeline),CPU 早就可以平行處理!但商用雙核心的 CPU 則到了 2000 年

之後才出現。於是就出現一個問題，為何不在 1990 年代就推出運算雙核心呢？這牽涉到市場需求與公司經營策略的議題。換句話說，過快與不及都是錯的，到底如何拿捏時間？是多麼重要的事！一個版本接著一個版本的更新，可以增加利潤，所以時間就是錢，推的時間太快，超出需求太多，再好的產品都可能變成毫無價值。太慢不可以的案例，我們以電子雞為例，剛開始發明的時候，雖然價格相當昂貴，功能很簡單，畫面又不佳，但全球各地的人還是等著排隊買電子雞。後來台灣做了改良式的電子雞，價格便宜，功能較多，畫面佳，但是賣得並不好。這是因為推出的時間不對，而造成的差異。時間過了，再好的東西都會被當成垃圾。

除此之外，時間與人力成本常常是畫上等號的，而人力成本也往往是專案成本的最大宗。因為所謂「專案」，通常就表示非量產行為，是一次性或首次之發展程序，所以時效上的影響，成為專案成敗的重要關鍵因素之一。

在本書的第三章，我們將進一步介紹，如何透過經驗來估算時程。

3. 成本 (Cost)：

執行專案所需的花費，更貼切的說，一個專案應會有三種金額數目，分別稱為價格 (Price)、成本 (Cost)、預算 (Budget)。正常狀況下，價格¡成本預算。其中「價格」是承包商競取專案時，與委託者所約定的金額。「成本」則是指承包商自述承做時所需的花費，而「預算」則是真正編列要執行專案的金額。

然而有時因為執行能力優於行情所需之成本，因此真正的執行預算也可能低於成本，這表示利潤增加。當然也可能為了惡性競爭而壓低價格，或是執行過程出現嚴重

意外狀況，使得不符成本而虧損，但這非屬正常狀況。像台灣的高速鐵路專案，就是因為競爭時刻意壓低承包成本，所以才使得執行後發生資本嚴重短缺的現象。當然這涉及競爭時之策略考量，還有社會力運用，政治情勢掌握等複雜因素，並不適合在本書深入討論。發生嚴重意外的案例，在台灣近年來，則以核四廠開發案最為典型，突然的停工指令，使得成本大幅提高。

在本書的第三章，我們將進一步介紹，如何透過經驗來估算成本。

- 唯一性(Uniqueness)：

每一個專案都有唯一性，這是因為專案的成立，主要由客製化或極富變化的市場需求所引發。所以可能來自於人、內容、技術或時間等等的不同，使得每一個專案變得特殊化，也就是說很難創造一個固定的運作模式(指系統化或自動化)，來發展不同的專案。而這也是專案管理為什麼變成這麼重要的原因所在！

例如每一組畢業專題都具有唯一性，因為每一組做的專題題目都不同。即使題目相同，但兩組做出來的成品仍是不一樣，因為參與的人不同，使得專案的進行方式就會不同。即使是相同的人，在不同的時期做相同(或類似)的專案，做出來的產品仍然不同。因為不同時期所花費的成本就不一樣，使用的技術也可能不同。

由於專案本身的唯一性，還有專案對象的多樣性，想要有一套自動化的專案發展模式不可能。所以只好從管理的基礎，規劃、組織、領導、控制發展一套專案管理的模式，而這也是本書撰寫的基礎概念。

- 原創性 (Origin)：
  每一個專案都會有其原創性。任一個專案的發展過程中，一定會遇到以前從未碰過的事。即始做的專案類似，但因為人、時間、技術、進行的方式不一樣，導致開發過程不會一樣。合作方式不同，業主不同，顧客不同，有不同的點子加入其中，碰到新的困難，因此有了全新的克服方法，或是因而採取了不同的開發程序等等。

- 產品 (Product)：
  專專案一定會有產品，可能是硬體、軟體或是韌體。軟體不一定是程式，包括文件 (Document)、特有的工法、產生的特有知識或創意，都可以說是軟體產品。硬體可能包括實體設備、器具、建築物、維護之耗材零件等。韌體 (Firmware) 主要指微程式 (Micro-program)，由可程式化的積體電路，所搭載的低階程式。常見於家庭電器用品中，如冷氣機、電冰箱或洗衣機等。

- 資源 (Resources)：
  每一個專案都有其專屬的資源，主要包括預算、人力與設施。如果是開發資訊系統，則屬於高度人力密集的工作，大部份資源消耗在人力成本上。

- 組織 (Organization)：
  每一個專案都有其專屬的組織，專案被規劃好準備執行時，一定表示已經找到一群合乎專案需求的人才，而且被組織起來，做好分工及權利責任之劃分，而此一組織是專為這個專案所編制的。當然這個任務編制，必須要能與常態 (常設) 單位，有良好的協調介面。這牽涉到整體組織人力資源管理及公司營運的問題，本書會在第四章，做更進一步的說明。

- 市場 (Marketplace)：
專案的老闆是誰？所謂老闆，包括內在的老闆，及外在的老闆(顧客)。以校外建教合作專題為例，委製專案的廠商就是外在老闆；而指導老師就是內在老闆。而在一個公司裡面，專案執行單位有單位執行老闆，合作單位則有合作單位老闆，客戶有客戶老闆，有各種老闆。如果開發的是商品，那老闆就是消費者。專案的經費誰付，誰就是老闆。因此不同的專案，有不同的市場考量。當然所謂的市場，是指廣義的市場。

- 規模 (Scale)：
可以從專案的複雜度來衡量。以軟體開發案為例，如果是十萬行以下的程式，稱之為小型專案；十萬行至一百萬行的程式，稱之為中型專案；超過一百萬行的程式，稱之為大型專案。當然也可以從經費規模來衡量，台幣數十萬到數百萬是小型專案，數千萬到數億元是中型專案，數百億元以上則可稱為大型專案。

1.2 專案管理程序 (Management Process)

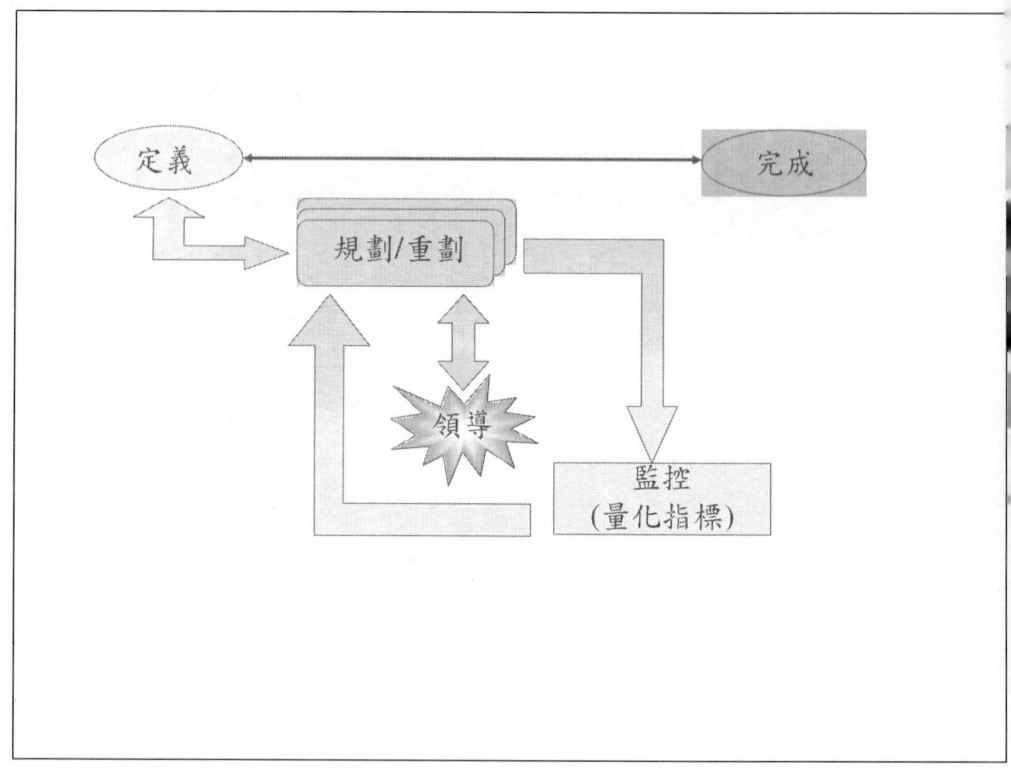

圖 1.3: 專案管理程序

管理一個專案,從定義專案開始,專案的發展過程中,要先規劃,按規劃執行及控管。主要有五部份需要注意:

- 定義 (Define):
  澄清這個專案要做些什麼事,是最重要的一個程序。主要任務是釐清,專案的工作內容及範圍。其中最重要的是專案所承製之系統,其系統範圍的定義,通常最後會以概念圖的方式呈現,如本節最後所列之專題範例。定義的最後結

論被寫成專案建議畫 (Project Proposal)，一個專案一定有專屬的企劃書，據此才能開始進行專案的規劃，附錄A是本書所用範例之建議書。如果必須透過競標才能取得的專案，則企劃書是很重要的關鍵文件。

- 規劃 (Plan)：

主要是根據企劃書中的工作項目做規劃，據此才知道如何執行專案，是專案能否有效管理的核心。通常在詳細規劃之後，會撰寫成一部專案發展規劃書 (Project Development Plan - PDP)。而規劃必須把握的目標有三點：

1. 要預知未來：

   把已知條件及未來可能的演變，經過審慎規劃之後，歸納出可產生預期結果的過程。畢竟沒有人是在規劃過去的，如果規劃不能有效的預測未來的各種因素，那規劃就等於是紙上談兵，一點用處也沒有。

2. 用以判斷什麼是對的：

   管理一個專案與解一個數學問題不同，數學問題必然有標準答案，而管理一件事往往不會有所謂的標準答案。所以如何判斷專案工作的現況對了嗎？就必須要事前有一套達成目標的有效規劃 (大家都同意的版本)，執行之後與規劃相符，就是對；與規劃不符，就是錯；有錯就必須檢討，然後決定是做錯了，還是原來的規劃需要更改。

3. 用以判斷輕重緩急：

   專案規劃所需，就是重要的。規劃時程所應完成的工作，就是急的事。一切資源，如人力、物力、資金，必須配合時程規劃，按時按量提供所需。如此能減少不必要的浪費或過渡屯積，對於成本管控是很重要的一環。

- 監控 (Monitor)：
規劃書完成後，接著要建立監控的方法。通常監控是透過「量化」(Metrics) 的方式進行。量化可能包括時間、金錢、工時、人力、產能、品質指標等。監控的目的在於審查目前的狀況，是否依照當初的規劃在執行，如果與規劃不同則應做調整；如發現目前進行的方式不佳，則應調整執行方式；如果發現原來的規劃內容，到目前已經有不適宜之處，就應調整規劃書內容。

- 重規劃 (Replan)：
確實的監控，就能發現原來的規劃是否合用，如原來的規劃已經不合時宜，就要再重新規劃。因此規劃還有一個很重要的好處，就是遇到障礙有一個能改的對象─規劃書。如果沒有良好規劃就執行工作的人，遇到問題連要找誰改善都不知道，當然就沒有辦法做大事！

- 領導 (Lead)：
有規劃才會產生有效的領導。有規劃，才會有焦點。領導者才能落實領導的效果，將所有人集中力量，做出有意義的成果。知道對錯及輕重緩急，才能進行有效領導。

專題範例：線上生涯規劃輔助系統

本書將以此一簡單的案例，藉以說明如何在專案管理過程中，把工作落實到一個實際的專案之中。為了讓所有大學部的學生，都能夠很容易理解專案的內容，本人所選案例，為中興大學資訊管理系畢業專題之實際案例，其中並沒有涉及太複雜之系統分析與設計。主要是要讓讀者，了解專案管理在系統開發過程中，應該如何被有效落實。

- 專題之執行規劃：

    1. 需求分析澄清，收集資料分析研讀。
    2. 構思系統概念圖，將系統概念，以圖示為主文字為輔的描繪出來。必須能將系統需求確定後之結論具體呈現。
    3. 根據系統概念圖，擬訂專題之簡易執行計畫書 (Development Plan)。最少必須包括確定專題之系統概念圖，及主要工作項目 (SOW) 與其內容說明。並按這些工作分項，規劃專題之網狀圖 (Network Diagram) 及工作時程 (Schedule)。時程上必須標明每一工作分項的起迄時間，每一分項都必須至少有兩個 milestones，一為初版結果，另一為最後版結果。兩個 milestones 最少必須相差一週，而且必須標明年月日。
    4. 系統外部介面設計，必須能反應系統之使用需求，與滿足系統概念圖所呈現之作用。
    5. 以必要之應用工具 (如 powerpoint、flash 等)，將系統外部介面製作成系統雛型 (Prototyping)，藉以建立系統規格之基準。

6. 進行系統內部設計，必須能完全反應系統外部介面之運作需求。並按照內部設計藍圖，進行系統設計與製作。
7. 系統測試及展示。

專題之執行最好將系統功能區分為二到三個版本，如初版(具備所有基本功能)、完整版(與系統概念圖之規模完全一致)、豪華版(具有商用價值)。如此規劃可以降低失敗的風險。

範例需求說明：

易經生涯診斷法─人生可行性評估（The Life Feasibility Study）

望〔察眼觀色〕
〔了解現況〕聞 ←↓→ 問〔說明釐清〕
切〔填案表〕
↓
(填卦表及情境嚴關圖)
↓
人生可行性評估 – Life Feasibility

一、方法

A、望：即「察眼觀色」。是指觀察者在自然的情境中，對受試者(當事人)進行直接觀察紀錄，而後做出客觀的解釋。

B、問：即「說明釐清」。就是詢問受試者本身對於問題的看法，以問答的方式引導受試者說出現狀。

C、聞：即「了解現況」。觀察者透過「望」及「問」了解受試者的現況，並且提出客觀的分析解釋，幫助受試者更了解其目前的狀況。

D、切：受試者可利用填寫「案表」的方式，仔細思考問題發生前的歷史狀況、認清自己目前所擁有的條件、考慮目前的作為。透過自我覺察的方式了解問題產生的因果關係。紙本填寫案表的規格如下：

現況知識	
歷史	
目前條件	
目前作為	
未來期待	

(摘錄自沈肇基老師教學網站 http://www.mis.nchu.edu.tw/amitofo/)

E、填寫卦表及情境展開圖

「卦表」是由易經的六十四卦推演而來。沈肇基老師依據研究易經多年的經驗，找出易經六十四卦的規律，並將之濃縮成7道題目。受試者根據自己所要詢問的事情填寫卦表，卦表填寫完畢後會分析出一個卦象，用來說明您目前的狀況與運勢。受試者可依據此卦象結果，針對問題做更有利的決定。另外，「情境展開圖」則是未來可能改變的狀況，受試者可以依據情境展開圖來預測問題未來可能的發展，並且幫助您判斷應如何抉擇？才是最容易達到目標的路徑。情境展開圖如下：

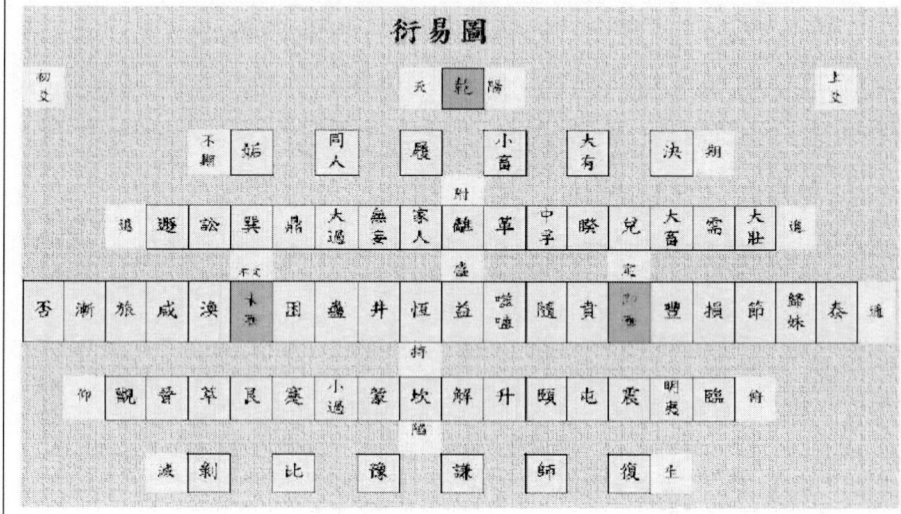

(摘錄自沈肇基老師教學網站 http://www.mis.nchu.edu.tw/amitofo/)

本「線上生涯規劃輔助系統」是運用上述的方法概念，望、問、聞、切、填寫卦表及案表等，將其系統化，使用者只要透過電腦網路即可使用本系統。本系統能有效幫助一個人了解目前狀況，及對未來的規劃做出有效的判斷，以達成想要的人生目標。

第一章 何謂專案

線上生涯規劃輔助系統系統概念圖(定義一個專案的關鍵步驟)

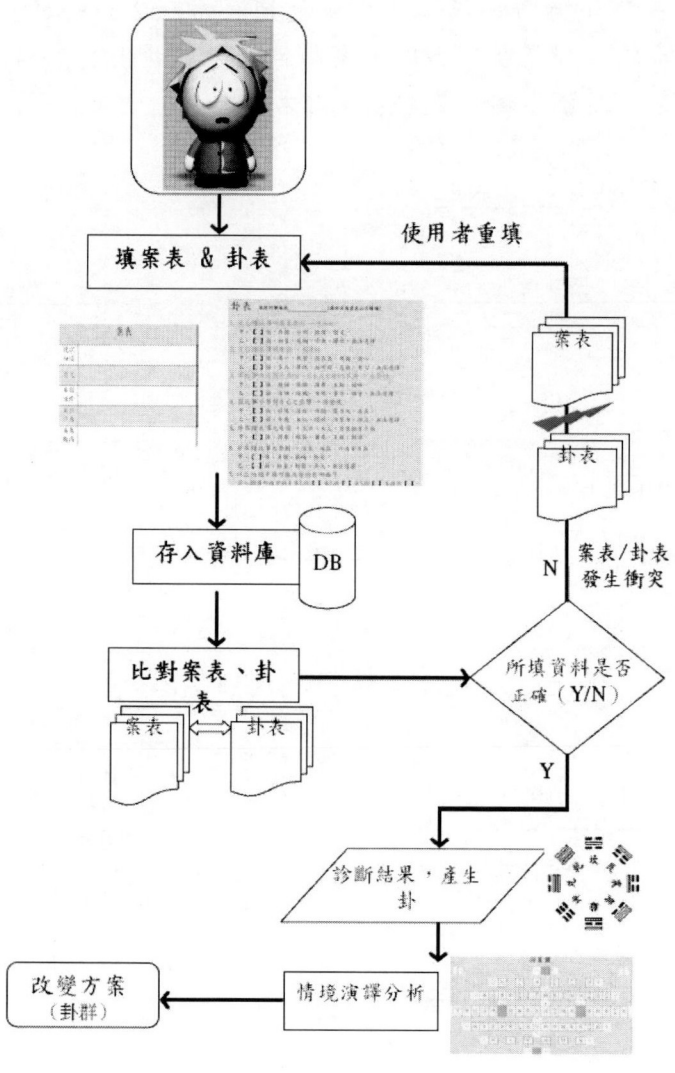

1.3 專案之發展程序 (Project Development Process)

專案發展程序亦稱為系統發展生命週期 (System Life Cycle)，這牽涉到一個系統的維運期程，與專案屬性及相關技術息息相關。本書以資訊系統開發為例，做說明如下：

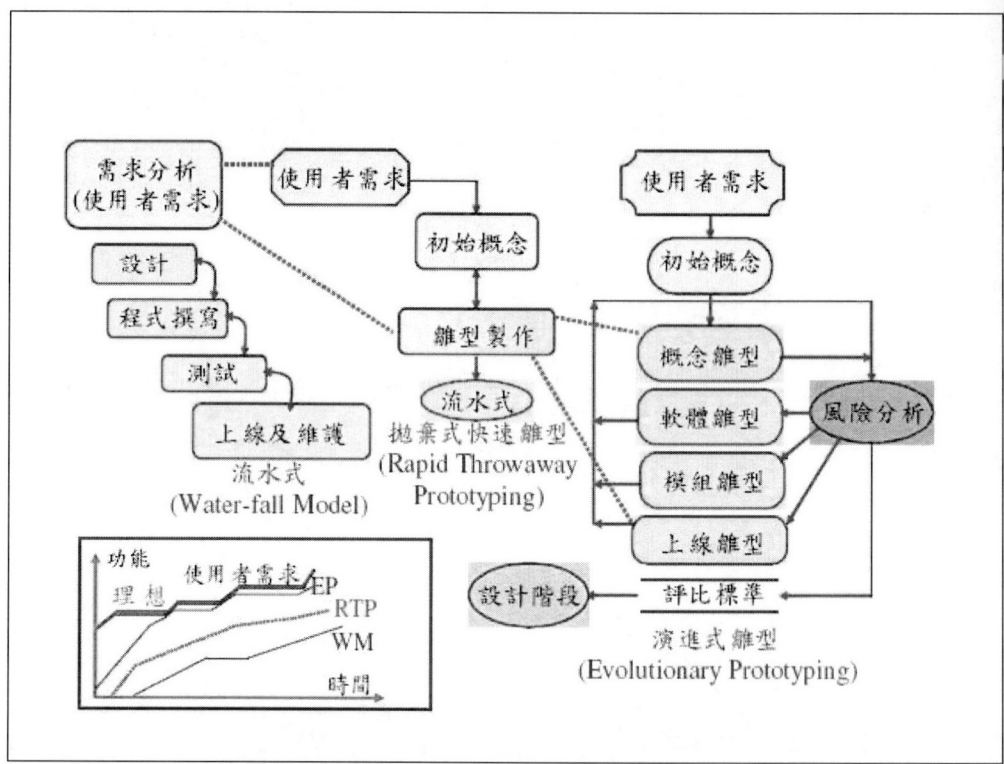

圖 1.4: 專案管理程序──以資訊系統開發為例

1.3.1 流水式程序 (Water-fall Model)

傳統的資訊系統開發流程。進行過程從需求分析 (Requirement Analysis) 開始，即對使用者的需求做分析；分析完後進入設計 (Design) 階段，接著進入程式撰寫 (Coding)，即程式撰寫，然後做測試 (Testing)，最後做系統安裝運作。其過程是循序的，不可跨越任一步驟，主要是受限於過去程序化語言的限制。

程序化語言注重的是系統功能的陳述，例如 Fortran 即是程序化語言 (Procedural Language)，每一個程式都在陳述功能如何運算，邏輯是怎麼回事。所以一開始在做系統分析設計時，著重於系統應該有哪些功能。也就是說，對使用者需求，一定要先釐清系統應該有什麼樣的功能，才能夠滿足使用者的需求。

使用 Water-Fall Model 開發專案容易導致失敗。以台灣的中正機場為例，1970 年代時，一套老舊之航管系統已經不堪使用，因為飛航管制的複雜度愈來愈高，且趨於國際化，空中交通非常繁忙，航管系統已不堪負荷。中正機場要開發一套新的資訊系統，但是當時台灣並沒有能力開發。所以從國外聘請顧問，使用 Water-Fall Model 的方式開發此資訊系統。從需求分析到設計分析結束後，才發現程式寫不出來！因為需求分析經過二、三年後，有了大幅度的改變，飛機增加的量遠超過三年前的預估，造成當初需求分析的結果，無法滿足現在的需求，就算勉強完成也達不到應有的效能，使得專案宣告失敗。

如果需求澄清是從功能性的需求開始澄清起，就犯了一個很重要的毛病。使用者也許知道想要處理的功能及資料，或清楚資料應呈現的樣子，但他就是不知道系統功能應該如何陳述，也不知道電腦能做到何種地步，因為專業知識不同。常常導致做出來的系統，與使用者期望的不一致。

後來物件導向化的概念，與程序化導向從功能 (Process) 開始的概念不同。物件導向是一開始先澄清輸入 (Input) 及輸出 (Output)，即先澄清資料需求，則連接 I/O 的系統功能 (Process)，自然就容易設想出來。主要是將 I/O 資料做分類，Input 是使用者想處理的一切，Output 是使用者要得到的效果，可能是一種行為、一個畫面、一個真正的動作，而這些是使用者在一開始比較容易弄清楚的部份。

1.3.2 拋棄式雛型程序 (Throwaway Prototyping)：

當有了物件導向的觀念後，發展程序就改為可先有系統雛型 (Prototype) 的概念。在擬定系統初步概念圖之後，將使用者需求釐清為輸出入資料需求 (I/O data)，據此就可以很容易的發展出系統雛型。

利用由人機介面與圖形化的方式，來展現出系統雛型，達到需求澄清的目的。當系統雛型完成之後，與使用者溝通完畢，需求澄清了，就把這個系統雛型丟棄不用，稱為拋棄式系統雛型法 (Throwaway Prototyping)。然後再按照已經確定的需求，依傳統流水式發展專案系統。

這裡所謂的系統雛型只是一個模擬的系統，把 Input 變成 Output，中間並沒有很複雜的邏輯。只在 Input 與 Output 之間建立一個簡單的連結，用來模擬當中的邏輯程序 (Process)。目的只是想告訴使用者可以這麼做，或只為展示給使用者看，讓使用者知道設計的系統概念，如何完成其需求。

1.3.3 演進式雛型程序 (Evolutionary Prototyping)

此種系統開發概念就是，系統愈做愈真。一開始建立概念雛型 (Concept Prototype) 之後，可以做評估，然後就決定概念系統的可行性。接著做風險分析 (Risk Analysis)，有些方案可能會被去掉，被選中的方案就繼續往下做，此時更加具體化了。概念雛型常用軟體做模擬，這樣可以知道目前設計的系統概念是否可行，據此再做一些調整，系統就會愈來愈真。有些較固定或需要效率的部分功能，可能就用硬體取代之。有些功能則用軟體製造出來，系統架構就慢慢成形了。也就是剛開始可能先用模擬的方式來做，接著一步一步的將雛型以完整的軟硬體功能模組取代之，系統也會愈來愈完整。

1.4 專案經理的情境

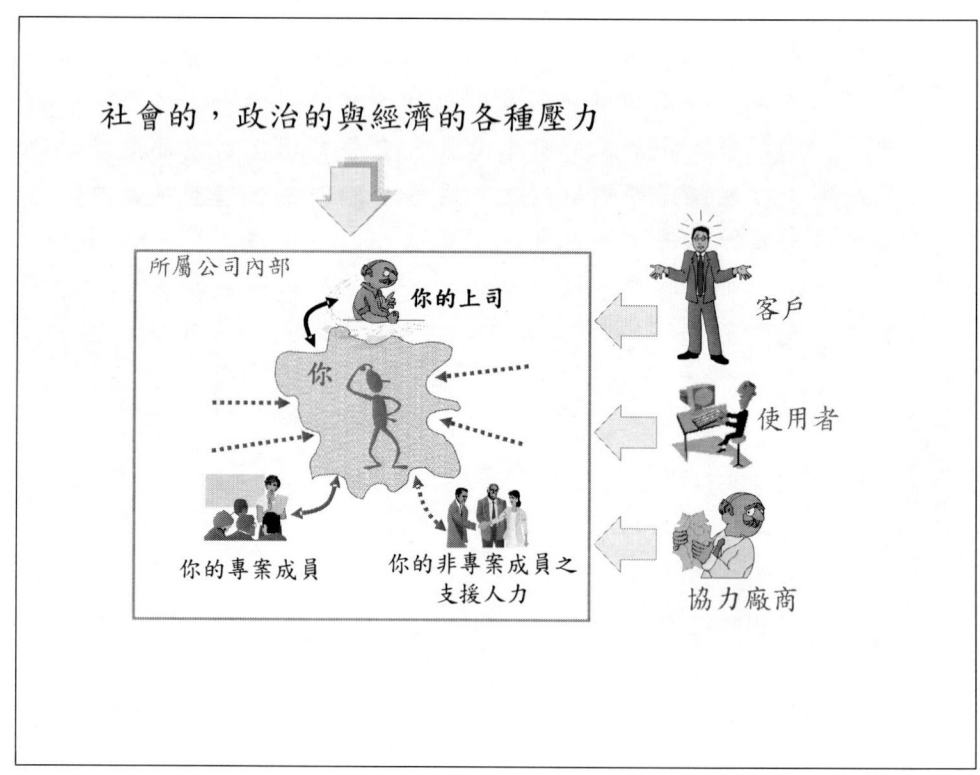

圖 1.5: 一位專案經理的情境

專案經理人在所屬公司的組織內部，需要面對的人員，主要有兩種人，全職的專案成員 (Full Time Members)，即屬於自己的專案團隊。另外是兼辦的成員 (Part Time Members)，這些人來自其他單位的相關技術人員，屬於短期性，是為特殊需求，或為特殊技術而從別的單位，甚至別的公司雇用而來的技術支援人員。

公司組織以外會影響專案經理人的外部因素有，客戶(Customer)指給錢的人，如發包廠商。還有是必須面對使用者(User)，使用系統的人。有時候，客戶和使用者是同一人。最後還有協力廠商或承包商(Contractor)，一個大型的專案可能會有很多的承包商。以高速鐵為例，可能會往下分包給很多不同的廠商，而這些廠商又再往下分包給不同的廠商，除非是最下游的廠商，否則每個廠商可能同時是客戶及承包商。當關鍵承包商不配合時，也會導致該專案的失敗。

最後還需面對的有社會(Social)、政治(Political)、經濟(Economic)，這些力量會影響專案經理。以核四為例，就是受到上述三點的影響，並非受限於技術的不成熟而導致停工。一個專案的成功與否，除了技術考量外，尚有其他許多非技術的原因。可見一個大型專案的經理，所需要處理的問題，有非常多並非技術問題。但我相信沒有人生下來就是經理，如果沒有自己專精的領域知識及精湛的專業技能，就算爬上職位的頂尖，可能只是自己災難的開始！

1.5 本章總結

本章著重在專案觀念的建立,這是有別於量產型工作,或是制式的公務流程。專案目標通常是應付客製化的特殊需求,或是因應瞬息萬變的顧客需求,也可能是量產前的試驗產品開發。下圖為本章之概念呈現。

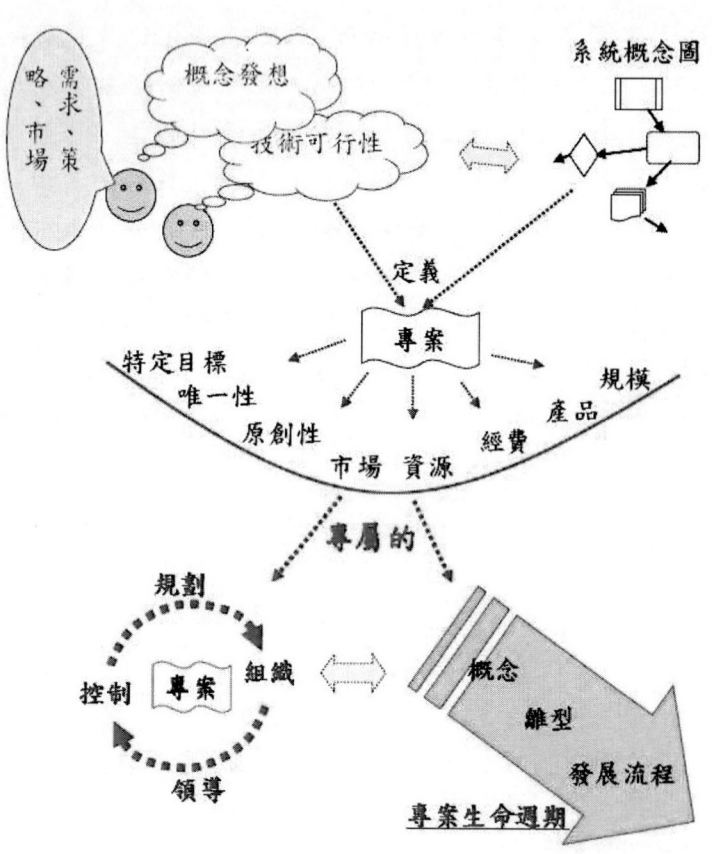

圖 1.6: 專案觀念速寫

進階參考資料 (Recommended Reading)

1. 對系統生命週期 (System Life Cycle) 之進階閱讀資料：McGraw-Hill 出版的系統分析與設計，「J. L. Whitten, L. D. Bentley, K. C. Dittman, "Systems Analysis Design Methods"」。

2. 對大型資訊系統開發之進階閱讀資料：John Wily & Sons, Inc. 出版的「E. Turban, E. Mclean, J. Wetherbe, "Information Technology for Management"」。

> 案例研討：系統概念圖
>
> 請學生說明其畢業專題。必須包括專題特徵、專題系統概念圖、專題系統之開發流程 (System Life Cycle)，並敘述個人在參與畢業專題中，所負責角色之心得及自我調適過程。

問題與討論

Q：如果專案管理人受公司的指派，必須承接一個會對社會造成間接傷害的專案，專案管理人可以拒絕嗎？如果接受了，該專案管理人面對社會的指責，又該如何自處？
A：可能有違社會道德、善良風俗等，所謂間接影響，可能是走在法律邊緣。如果是我，一定拒絕，大不了辭職，因為我沒有辦法面對社會的指責，所以我拒絕。

Q：一個專案的人員調度及分工是不是由專案經理（PM）來調度呢？或是由他來控制呢？
A：專案剛成形時，可能連 PM 是誰都還不確定，此時可能是由更高層的主管來決定誰可以參與該專案；如果專案已經開始進行了，大部分的人員調度及分工，通常是由 PM 來主導及控制。

當然，付錢的人對於誰可以參與該專案，PM人選是誰，都可以提出意見，愈大的專案愈是如此，因為愈大的專案所牽涉的政治、商業、經濟層面愈廣。

Q： 當專案正在釐清時，在做規劃的這些人是哪些人？是專案經理 (PM) 還是所謂的系統分析師 (SA) 或者是系統設計者 (SD)？三者之間的權責可以清楚的定義嗎？

A：

(a) 視專案大小而定。在釐清專案的過程中，必要情況下通常都是由高層人員出面，而PM可能是另一個人，底下會有一個負責提專案建議書（Project Proposal）的團隊。如果專案不大，通常主導釐清整個專案的人，將來可能成為PM候選人，如果這個人是個更高層的人，他就不會是PM；如果專案很大，則由這個團隊最高層的人擔任PM。當然這個團隊的成員可能就包含了SA、SD、及可能成為PM的人員。

(b) SA、SD及PM三者之間的權責，視專案的規模大小而定。愈大型的專案，SA和SD是分開的、或者是由兩家以上不同的公司負責。例如甲公司從頭到尾只負責設計、乙公司只負責系統分析⋯。以捷運系統為例，系統分析是由日本某公司所分析，至於系統設計部份，又是由別家公司來做；若是小型的專案，因為複雜度不高，所以SA和SD通常是同一個人，若分工太細，會增加很多不必要的成本。

Q： 假設初步需求確認之後，要做個雛型 (Prototype) 給使用者確認，但是Prototype又分為Evolutionary Prototype和Rapid Throwaway Prototype，到底哪一種比較有利？

A：視專案大小而定。通常小型的專案適用 Rapid Throwaway Prototype，大型的專案適用 Evolutionary Prototype。

大型系統短時間做不完，必須分階段完成。所以最好一個 block 接著一個 block 開發（把一個系統畫出系統流程圖，一次做一塊，這種 Life Cycle 的方式稱為 Block Update，即 block by block 的把系統掛上去）。如果用 Block Update 的方式，完成第一個 block 後，發現不太理想，就可在損失較小的狀況下，放棄其餘的 block，不再繼續做下去、或不再犯同樣的錯誤、或重新做調整。這樣系統的 Life Cycle 就變得很有彈性，這就是 Evolutional Prototype 和 Throwaway Prototype 的差異。

Q：不管使用哪一種 Prototype 的方式來開發專案，如何確保日後功能需求不會與目前的功能需求有矛盾的情形？因為 Requirement 會隨時機不同而改變，怎樣才能一直順順的讓專案進行下去，而 Programmer、PM、End-user 三方都會很 happy？

A：

(a) 需求跟功能會互相矛盾是很正常的現象，愈大的系統開發過程，這種情形就會愈常見，因為系統愈大，造成的需求也更具多樣性。在開發系統時，可以選擇 Evolutionary Prototyping 的方式來開發，這種方式較具有彈性，當一個 block 做完之後，發現很多功能跟目前的想法不一致時，可以有彈性去改進或者調整。但是在小系統時，發生這種情形的機會就不多，所以小系統通常是一口氣把它做完，如覺得不理想就再做一個新的。

(b) 要寫文件，包括需求規格、設計文件、測試報告、系統使用守冊、發展日誌、所有更改的紀錄、會議紀錄⋯⋯。

ISO 的概念很好「做你寫的,寫你做的」,前面指的是所有的正式文件,後面指的是發展日誌及所有的更改及維修紀錄。沒有這些責任無法釐清,不可能有 happy 的條件。

Q: 在做專題時,先寫系統分析文件、還是先 Coding 比較好呢?
A:

(a) 人機介面多:
先 Coding 做出 Prototype,搞清楚要做什麼之後,再寫系統分析文件比較好。

(b) 人機介面少(控制多):
先寫系統分析文件搞清楚各功能,定義好資料庫中各 Table 的關聯後,再 Coding 比較好,可以減少資料重覆或遺漏等困擾。

Q: 很多組專題大部份都是從 Coding 開始做起,等到系統功能大致完成時才開始製作專題的文件,這種方式去做專題,那需求文件不是沒有什麼意義嗎?
A: 學校的專題其實是 Prototyping 的一個過程,所以大部份的專題在製作快到專題展時,才開始寫文件,這是正常的。當這個系統真的被賣出去或是被實際運作時,文件就非常的重要了,沒有文件,這個系統就沒有辦法維護。所以文件要用心寫,才會知道它有多大的用處。

練習題

1. 何者不是專案的目標 [A 成本 B 規格 C 時間 D 願景]。

2. 除了成本與預算是指執行專案所需的總花費之外，還有 [A 人力 B 設備 C 價格 D 以上皆非]。

3. 專案依其市場對象訴求不同，除了一般大眾或特定之外部客戶外，還可能有 [A 公司內部客戶 B 委外單位 C 顧問公司 D 以上皆非]。

4. 何者不是專案的特性 [A 目標 B 唯一性 C 原創性 D 規模 E 量化指標]。

5. 何者是專案管理程序的第一步 [A 規劃 B 定義 C 領導 D 概念設計 E 需求分析]。

6. 與專案規劃有關的敘述何者有誤 [A 能重規劃 B 能預測未來 C 能有效領導 D 能妥善運用資源 E 以上皆非]。

7. 在專案的管理程序中 metric 指的是什麼 [A 組織矩陣 B 工作的差異性 C 量化的評估原則]。

8. 在專案的執行過程中，何者 [A 工作內容 B 工作量 C 工作名稱] 是一種量化指標？

9. 在專案的發展流程中，那一種發展流程最不適合物件導向概念 [A 瀑布式流程 B 拋棄式雛型流程 C 演進式雛型流程]。

10. 在專案的發展流程中，那一種發展流程最不利於需求的澄清 [A 瀑布式流程 B 快速拋棄式雛型流程 C 演進式雛型流程]。

11. 在專案的發展流程中，雛型指的可能是什麼 [A 軟體 B 硬體 C 兩者皆可能]。

12. 在快速拋棄式雛型流程的專案發展流程中，雛型主要是用來協助 [A 需求分析 B 系統設計 C 系統製作 D 系統測試]。

1	2	3	4	5	6	7	8	9	10
D	C	A	E	B	E	C	B	A	A
11	12								
C	A								

第二章

設定專案的目標

設定專案的目標
Defining The Goals of a Project

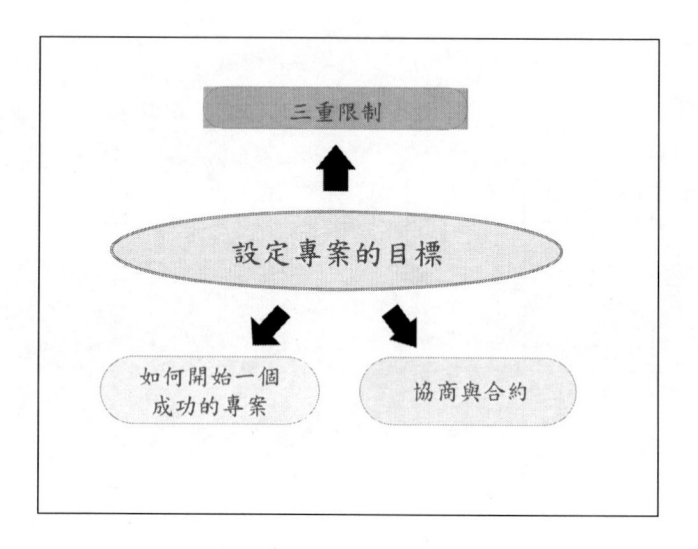

圖 2.1: 專案目標的三個面向

如何定義一個專案，可以分三方面說明。

1. 專案的三要件。(Triple Constraints)
   專案有三個非常重要的因素必須考慮，即規格、時效、成本。

2. 如何開始一個成功的專案。
   事前的資料搜集、分析、整理，研擬可行性評估。完成專案概念圖，提出專案建議書，然後為取得專案做準備。

3. 協商與合約 (Negotiations and contracts)。
   當一個專案已經成功的被醞釀起來，也取得這個專案，如何協商、簽約、締結專案合約，也是專案成敗的重要因素。

2.1 專案的三要件 (The Triple Constraints)

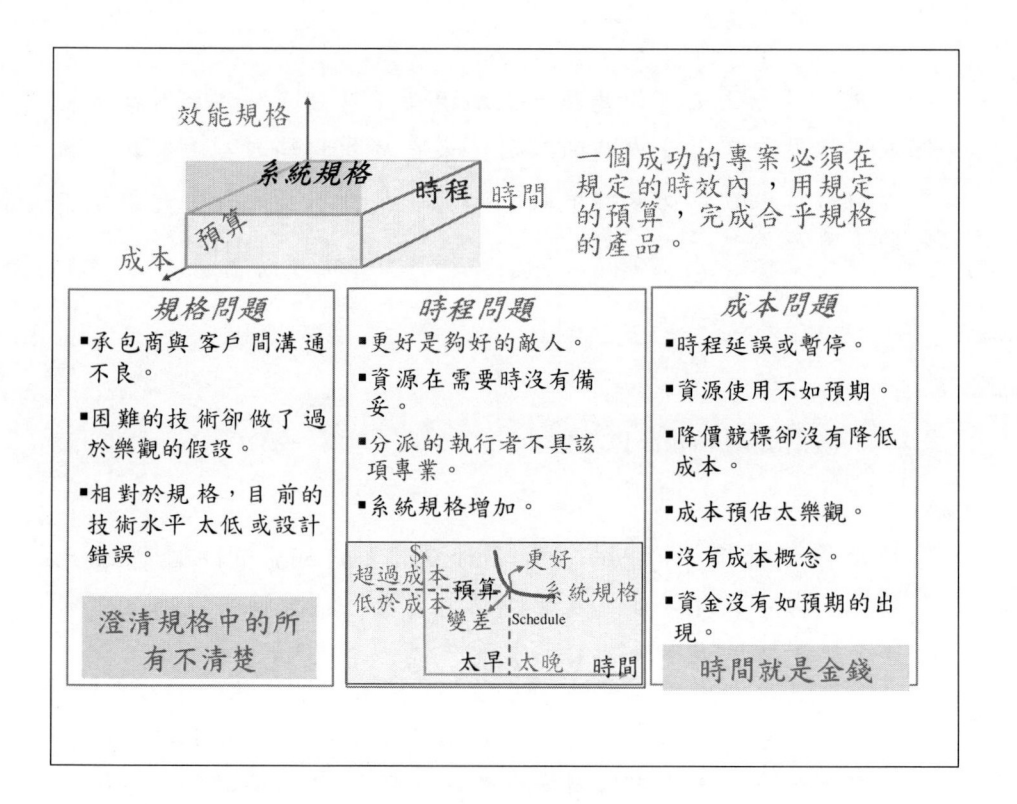

圖 2.2: 專案的三重限制

專案有三個非常重要的條件，包括規格、時間、成本。專案必須在要求的時間內，用合理的成本，完成所要求的規格。

2.1.1 規格問題 (Performance Spec. Problems)

可能來自於承包商 (Contractor) 和客戶 (Customer) 之間溝通不良，因此使規格上出現問題。當承包商和客戶的溝通模糊不清時，最好能使客戶有參與感及被重視感，也就是把客戶當成專案成員 (Team Member)。

例如讓客戶參與專案團隊中的重要會議等，這樣通常會去除很多溝通上的問題，最好是互相請對方派人加入到自己的team中。

另外的原因則可能是技術上的困難，導致專案規格無法有效完成。通常技術上會失敗的原因，來自於錯誤的規劃與分析，或規劃時對技術可行性太過樂觀。此外，設計不良也是引起規格不好的重要原因之一。

2.1.2 時效問題 (Time Problems)

更好是夠好的敵人 (Better is the enemy of good enough.)。雖然要求「更好」應該沒有錯，但要看時間、對象、地點是否合適？否則浪費資源，增加成本，又容易引起不滿。

另外，如果所規劃的資源，在該使用的時候沒有出現，也會造成時程延後。資源的規劃要有效率，不恰當的規劃會使得成本增加，而成本可能為有形的(例如設備、金錢)，也可能為無形的(例如時間)。還有分配工作時，安排了不恰當的人選，也會造成時程延後。分工應該要針對個人的專長來指派工作，而不是求所謂的公平，否則很容易造成時程的延後。

最常發生的狀況是，因為使用者的需求改變，造成系統規格提高，困難度增加，使得時程延後。或許想要縮短專案時程，所花費的預算就會提高。時間也不可能無限制的縮短，有些工作不管增加多少預算，也是需要一定的時間才能完成；如果為了要減少成本，而故意把時程延長，不見得就會減少成本，反而可能增加成本，這是因為其它的時間成本可能會增加。

2.1.3 成本問題 (Cost Problems)

時程延宕或中止 (Schedule delay or sleep) 是增加成本最常見的問題。時程延宕是經常發生的事，規劃的時程在開始做之後，經常沒有辦法完全按照預定的時程進行，時間會延遲是很正常的。所以在做專案規劃的時候，不能把所有的時間都安排的剛剛好，一定要預留一些時間彈性，當有問題或意外發生時，才有一點彈性可以轉圜。例如，企業的工期為十二個月，做規劃時不能就用十二個月來規劃。可能以十個月做規劃，留二個月的彈性時間來應付突發狀況。

時程 Sleep 比 Delay 還嚴重，表示專案做到一半喊停。以核四為例，做到一半就停工了。如果要復工，可能要花更多的成本才能把斷掉的部分再接起來，或可能把舊的拆掉再重蓋，技術上有相當大的困難。如果以軟體專案為例，當發生 Sleep 後，想要再復活就難上加難了。假設原本開發此專案的人開發到一半因故不做了，如果要繼續完成該專案，勢必得再找一個新的 Team 來接，也就是說新的 Team 要先看得懂原本的程式，才可能繼續把程式 Coding 完畢。因此大型軟體專案發生 Sleep 後，幾乎等於宣判其死刑，很難有再復活的一天。

資源的使用沒有按照原來的規劃進行，也會造成成本的浪費。資源使用不當時，會造成成本的增加。當然有時候需視任務而定，以國防部為例，在使用資源時，並不會考慮到太多成本的問題，而是以考慮安全目的為主要原則，目的達成最重要。

預算的使用不當，也必然讓成本增加。一個專案包含三項費用，即價格 (Price)、成本 (Cost)、預算 (Budget)。如果價格低於成本，則該專案可能無法進行。所謂「價格」，例如當專案是透過公開招標而取得，當初所寫的標價就是價格，是客戶知道的。而「成本」，對企業本身而言，價格不等於成本，而成本只有企業內部的主管才會知道。

「預算」則是指執行一個專案，可能需要多少經費。專案經理只會知道預算多少，但可能不知道實際成本多少。

另一種成本問題，是在做成本預估時太過樂觀，即沒有成本概念。愈沒有經驗的公司，愈容易犯這種錯誤，也可能發包廠商最後的預算沒有出現。如單位年度預算沒有被核定，由於時機的延宕，所以也可能造成成本的增加。

2.2 如何開始一個成功的專案

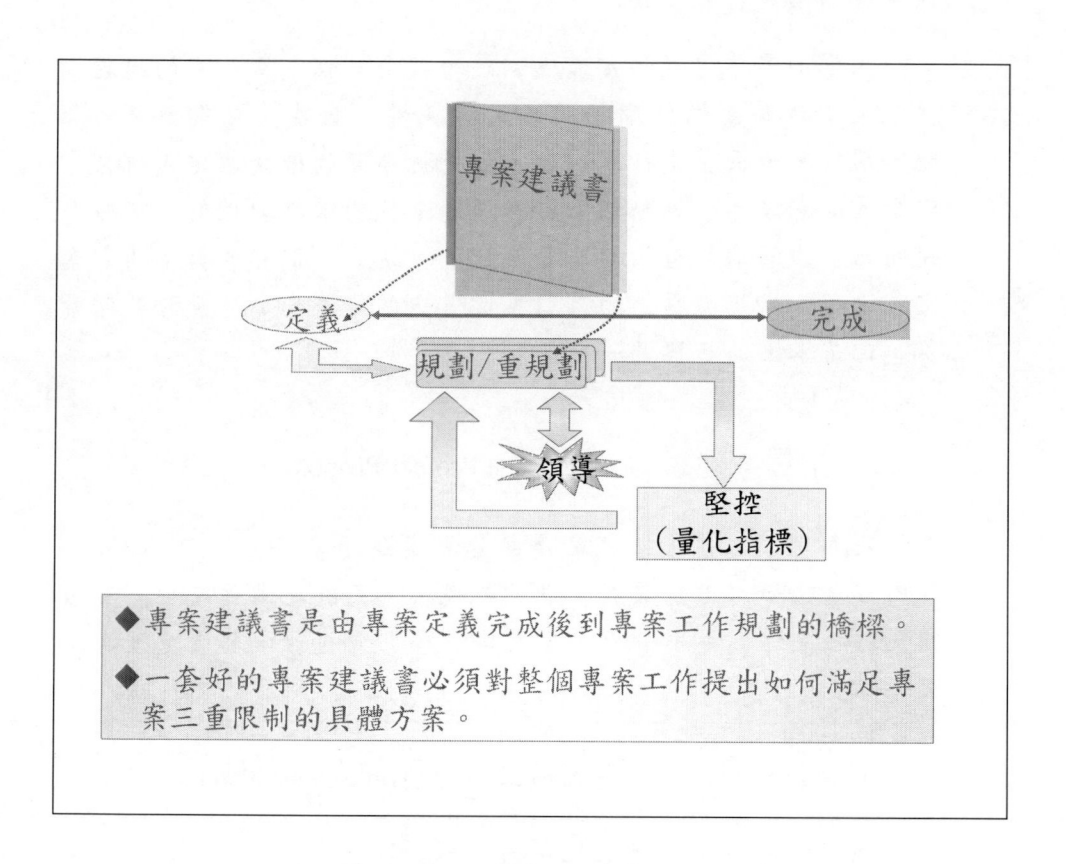

圖 2.3: 開始一個成功的專案

2.2.1 定義專案 (Define Project)

把專案定義 (Define) 清楚，是一個團隊或組織，在長期經驗的支援下，對專案所提出的技術性見解。大量的蒐集資料，通常是定義專案的開始，最終目的是釐清專案需求。

蒐集資料必須是好幾回合的過程，甚至包括現場資料的收集，田野調查等等。這個過程有助於專案需求的理解與澄清，專案相關的技術經驗越多，專案定義會越清楚，最後的結果是對整個專案的概念設計。

大學的畢業專題，定義過程幾乎就是一個無中生有的過程，從完全不清楚要做什麼，開始蒐集資料、閱讀、蒐集更對的資料、閱讀、…反覆進行幾回合，最後把專題的概念圖定義出來。概念圖的完成，代表整個小組對專題全貌的掌握與理解，從概念圖開始，才真正知道專題是要做什麼。這是一個非常典型的專案定義過程，只是職場上的大型專案，這個定義的工作會複雜非常多，但基本上的目標是一致的。

2.2.2 何謂專案建議書 (What Is a Project Proposal?)

專案定義完成之後，正式的產品是專案建議書 (Project Proposal)。其內容建議如何進行專案，專案之規格，應有之工作項目，及必須提供之文件。專案愈大，專案建議書也愈複雜，其重要性有以下五點：

- 詳細描述如何滿足專案的三要件 (Triple Constraints)。
- 是從定義到專案發展規劃的橋樑。
- 關係著專案的成敗。
- 是能否取得專案的關鍵。

專案建議書通常是由關鍵技術團隊 (Prime Group) 所撰寫，例如大型資訊系統開發案，其中的成員可能是由資深的系統分析師與高級程式設計師所組成。專案建議書完成後，才能進行專案發展規劃。才能把專案如何執行，做更細節務實的分析及安排，並提出

可行的專案發展計畫書。規劃就是利用現有的條件，想盡辦法去增加條件，創造機會，並規劃出一套過程。此過程可以把所擁有的條件，利用適當資源做出所需的專案結果。

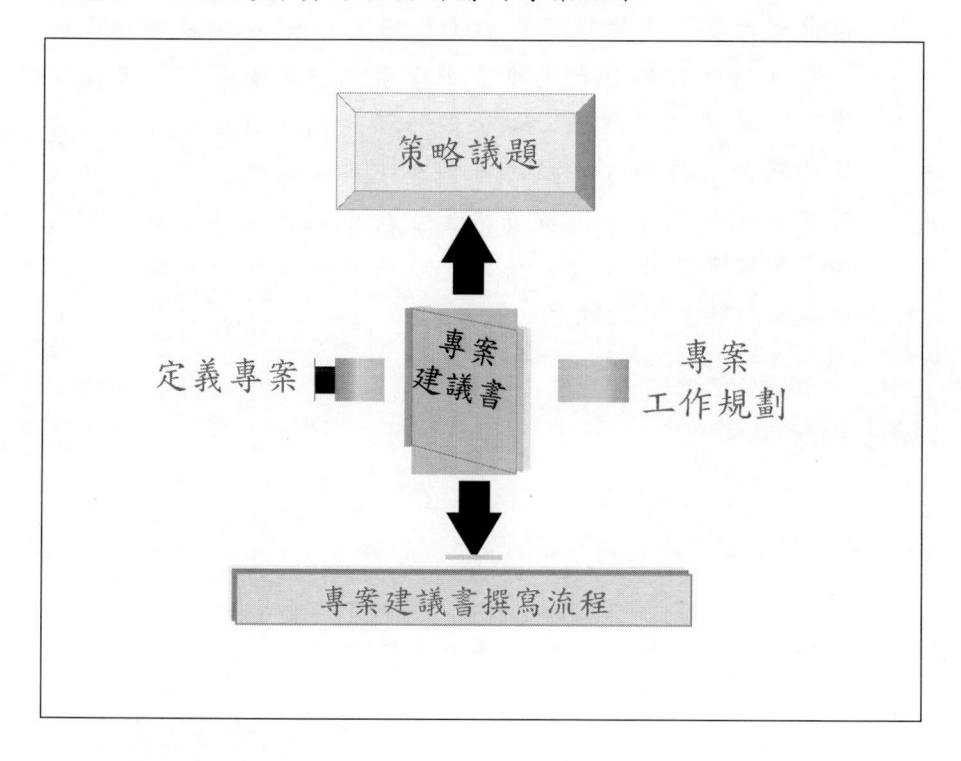

圖 2.4: 專案建議書

圖 2.4說明專案建議書的研擬，必須考量公司策略，吻合策略後才啟動撰寫流程。其內容主要包含下列兩項任務，：

1. 定義專案 (Defining Project)

    將定義後的結果，以結構化方式呈現在專案建議書中。以大學畢業專題為例，當專題題目出爐時，各組只能以該題目去猜到底要做些什麼事，或問老師專題內容，以對該專題有個粗略的概念。再依據此概念，進一步收集研讀資料，把專題的系統概念定義清楚。

2. 專案工作規劃 (Planning Activities)

系統概念清楚後，應有之工作項目，也要編寫在專案建議書裡。在合約協商時，如果價格及成本上有議價空間的話，主要就是拿專案建議書中的工作項目 (Activities) 來議價。所以工作項目與該專案需求多少經費息息相關，常常是決定能否取得專案的關鍵。以公開招標為例，目前常採取的方式是先開資格標。競標之後符合規格的廠商，並不是就取得專案，而是取得議價資格，並排出議價順序，實際做這個專案需要多少經費再商議。如果第一順位談不攏，則找第二順位談，以此類推⋯。

2.2.3 策略議題

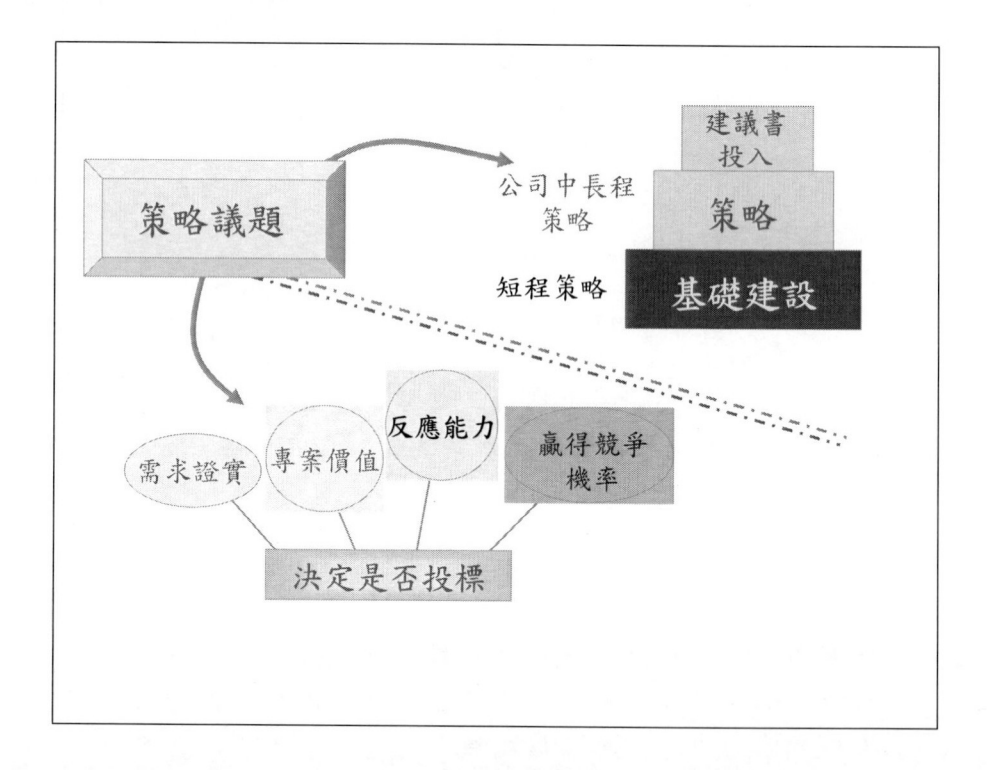

圖 2.5: 專案的策略思考

圖 2.5說明準備專案建議書時，從組織的策略議題上，考量是否執行專案的兩個面向：

1. 短期所需考慮的因素

    考慮是否參與競標 (Bid／No Bid Decision)，這有下列四點必須考量的因素：

    (a) 需求 (Requirement)

    指專案外包單位的需求是否確實，這與預算是否編列，還有單位的發展策略是否得到認同，單位主管是否大力支持，有很大的關係。有時候只是客戶的先期規劃，或是內部分析，並不是已經到了確定真的有這筆預算的時候。這種時期如果投入太多成本，則可能只是一種浪費，但是為了顧客關係的經營，也不能完全不理。可以確定的是，這絕對還不到是否投標的時間。當然如果顧客關係維持的夠好，對專案需求性的確認，可以早一步得悉，甚至有機會協助客戶進行某種程度的專案需求澄清，那對參與競標是有很大幫助的。

    (b) 專案價值 (Project Value)

    指執行該專案後所得到的利益，包括承包單位的聲譽提升，新技術的累積，專案執行經驗的成長，還有最重要的利潤是否合理，都是評估專案價值的因素。當然在不景氣時期，可能要先考慮該專案是否能協助化解「度小月」的風險。專案是否有價值，可以由以下五點來評估。

      ● 確定市場需求

        如果是公司產品的開發專案，就必須做市場評估，以確定專案的必要性。

- 應用新的科技

  無論是承包內外部專案，如果專案使用新的科技，就可以順便增加公司未來的競爭力，相對的專案附加價值就提高。

- 提升公司聲譽

  有時候為了聲譽或業界地位，可能在沒有合理的利潤下，也去搶下專案。

- 商業化的新產品

  如果是新產品開發案，有獨佔市場的優勢。

- 專案對公司的財務有幫助

  有很高利潤的專案，或是有很高預算的專案，必須執行很久的大型專案，擁有雄厚財力的客戶，這些都對承包商的財務有很大的幫助。

(c) 回應能力 (Response Ability)

必須先贏得專案，才能執行該專案。所以提高專案建議書的可行性，對爭取專案是很重要的。必須能清楚的展示實力，經常是透過以前執行專案的成果演示，甚至是為競爭的專案製作展示雛型 (Prototype)，這些都是回應能力的具體表現。如果目前無法提供的技術或資源，或其他如政治社會上的問題，則必須提出有效的備案 (Viable Plan)，證明自己擁有有具體的應變能力。

(d) 贏得競爭 (Winning The Competition)

通常進一步的資訊，是來自於客戶。所以必須與發包的客戶維持夠好的關係，才能取得有利的競爭資訊。另外，客戶的公司是屬於個人化或企業化的組織，都必須調查清楚，才可能找到對的投標策略。規劃出一套贏的策略，以取得該專案。

這包括事前的內部整合，外部關係建立，議(訂)價策略，深入了解競爭對象。然後決定採取各種必要的聯合，以組織有力的競爭團隊。當然最重要的，一切過程必須合法。

以上綜整如圖2.6所示。

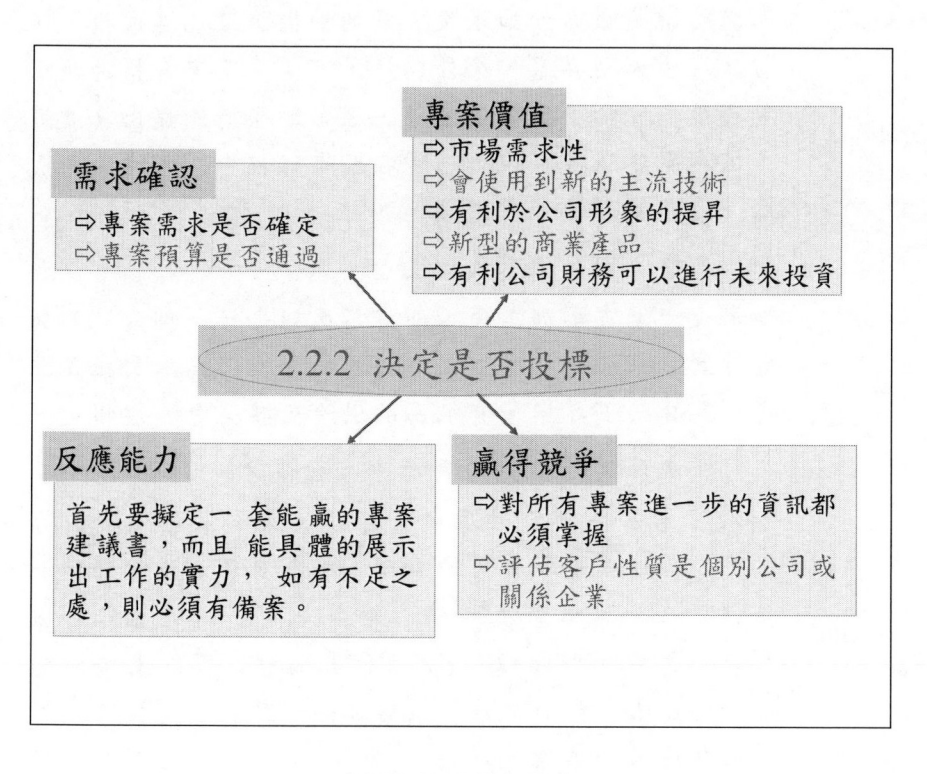

```
需求確認
⇒ 專案需求是否確定
⇒ 專案預算是否通過

專案價值
⇒ 市場需求性
⇒ 會使用到新的主流技術
⇒ 有利於公司形象的提昇
⇒ 新型的商業產品
⇒ 有利公司財務可以進行未來投資

                2.2.2 決定是否投標

反應能力
首先要擬定一套能贏的專案建議書，而且能具體的展示出工作的實力，如有不足之處，則必須有備案。

贏得競爭
⇒ 對所有專案進一步的資訊都必須掌握
⇒ 評估客戶性質是個別公司或關係企業
```

圖 2.6: 投標考量因素

2. 長期所需考慮的因素

　　每個具規模的公司，每年都會進行中長程規劃，藉以設定公司的發展願景及策略方向。從專案管理的角度來考量，成功策略的基本要件是避開會輸的專案。如競爭對手太強、自己沒有能力滿足專案的三項要件、不重要或無關的專案，

都可能是會輸的專案。又例如一個生產型的公司，不應接消費型的專案。或是以固定價格方式議訂的專案，但其技術複雜度卻很高，或為研發型專案就不應接。針對這些策略議題，在爭取專案時，必須考慮以下三個問題：

(a) 是否要準備專案建議書 (Proposal)？
開始準備專案建議書，就必須投入人力、物力、時間，而這些就是成本。如果沒有贏的把握，可能造成損失。當然有些大型專案，於外包時，可能在選定合格的投標廠商後，會給予適當的經費，讓每個廠商能提出具體可行的專案建議書。但是通常在競爭過程中，所投下的成本，應該都超過預算甚多。

(b) 是否符合公司的本質或本業？
如果是一家皮革加工廠，那就不應該去接一個皮鞋廠的會計資訊系統開發案，因為這樣的專案與其本業相差甚遠，就算接下專案，有很高的風險，甚至會造成損失。

(c) 公司長程發展目標與該專案是否吻合？
必須避免承接與公司短中長程發展策略互相衝突的專案，如前述之皮革公司的規模，擁有自己的資訊部門。並假設在未來三到五年間，準備革新公司的會計資訊系統。所以一個類似(下游)行業的會計資訊系統開發案，與自己公司的中長程策略目標一致，也許就可以考慮爭取這樣的專案。

2.2.4 準備專案建議書的過程 (Proposal Process)

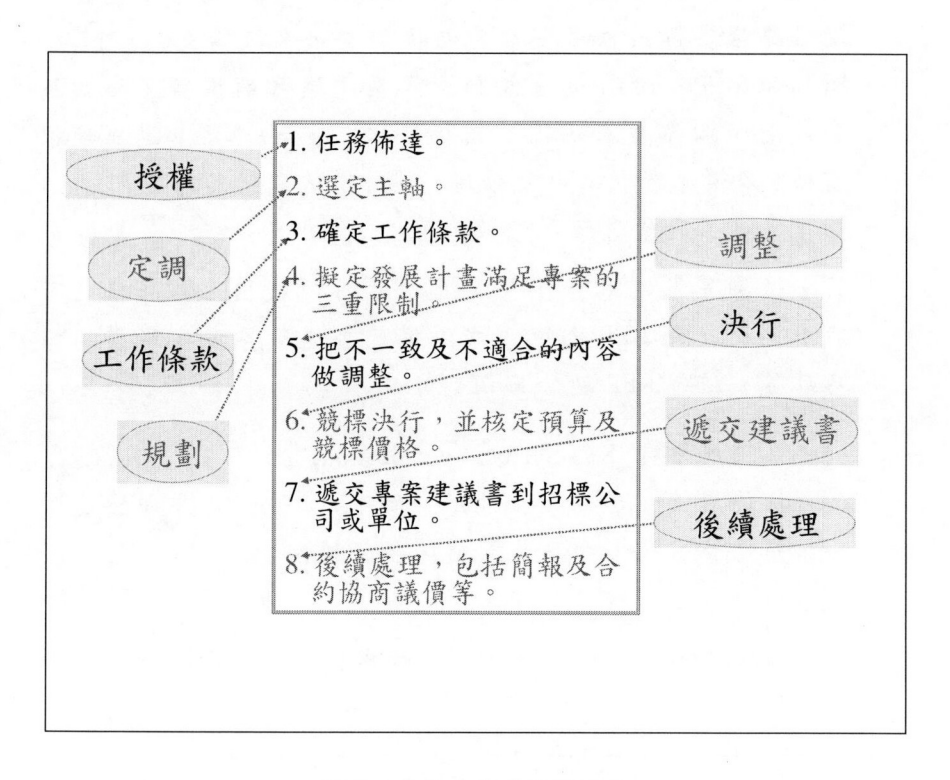

```
┌─────────────────────────────────────────┐
│   授權 ─────→ 1. 任務佈達。              │
│              2. 選定主軸。               │
│   定調 ─────→ 3. 確定工作條款。   調整   │
│              4. 擬定發展計畫滿足專案的   │
│                 三重限制。        決行   │
│  工作條款 ──→ 5. 把不一致及不適合的內容  │
│                 做調整。                 │
│              6. 競標決行，並核定預算及  遞交建議書 │
│   規劃 ─────→   競標價格。               │
│              7. 遞交專案建議書到招標公   後續處理 │
│                 司或單位。               │
│              8. 後續處理，包括簡報及合   │
│                 約協商議價等。           │
└─────────────────────────────────────────┘
```

圖 2.7: 專案建議書撰寫流程

如圖 2.7 所示，撰寫專案建議書 (Proposal) 的程序如下：授權 → 主軸定調 → 擬訂工作條款 → 專案執行規劃 → 調整 → 決行 → 遞交 → 後續。一個大型專案，其專案建議書的研擬，可能就是另一個專案。專案建議書主要是各潛在承包商，用來證明自己有能力執行該專案的文件。各步驟的說明如下：

1. 授權 (Authorization)

    在準備專案建議書前，一定要先有授權的動作。如果是一個大型的專案，負責研擬專案建議書的是一個團隊，人選由老闆決定。

通常準備專案建議書帶領團隊的人，極可能是未來的專案經理。這個團隊關係著能否取得專案，有些真實的大型案例，往往直接關係到整個公司的存亡，可以說非常重要。通常建議書撰寫程序，都是在接到建議書徵詢文件 (RFP — Request for Proposal) 後才啟動。專案建議書的撰寫，經常被當成是一個專案來執行。預計時程 / 資金 / 客戶 / 建立競標價格 (必須保密)/ 主要競爭者 / 專案建議書撰寫計畫 / 決行 (指撰寫專案建議書程序的啟動)。

其中徵詢專案建議書 (RFP)，應該由客戶提出，具資格之可能承包商接到 RFP 之後，才決定是否進行專案建議書的撰寫計畫。通常 RFP 包含三個部分：

(a) 系統規格書 (SS - System Specification)
系統規格，重點是 "What"，而不是 "How"。亦即敘述需要什麼系統，而不是如何開發系統。

(b) 資料文件 (DD - Data Document)
描述做完該專案之後，所應提供的文件。而各文件應符合之格式，內容應該含括那些項目。當然需求越多文件，專案成本就越高。

(c) 工作條款 (SOW - Statement Of Work)
工作條款，說明該專案應執行之所有工作項目，每一工作項目的內容及定義為何。是將來合約的關鍵內容，也是專案議價的主要依據。詳細書寫規格，請參閱附錄 C。

2. 優勢主軸定調 (Theme Fixation)
目的在取得大家的共識。以企業為例，當想承接大型專案時，可能藉由發行「企業週報」，贈閱給內部單位、政府單位、相關廠商等。週報內容可能含技術角度、感情訴求、管理角度、資料分析、可行性評估等各方面的述求。

目的是向潛在客戶及企業內部的各事業單位做說明,以獲得更大內外共識的支持。尤其是為專案建議書的主要訴求,尋求支持。專案愈大,則 Theme Fixation 愈重要。

3. 工作條款 (Statement Of Works - SOW)

一個計畫需要做的所有工作,工作內容定義。一開始是列在 RFP 裡面,是發包廠商提出來的。主要在描述目前所要公開招標的專案中,有那些工作項目需要完成。這些工作項目的實際內容為何,工作被完成時,應如何衡量等。SOW 通常只是工作項目的抽象定義,不應寫得非常詳細。

大型專案的外包案,常有投標前的廠商說明會,甚至有廠商投標資格審查。這些活動有利於雙方縮短對 SOW 的認知差距。當主要外包廠商確定後,SOW 一定還要根據顧客的目標 (Customer's Goals) 與合約商的目標 (Contractor's Goals),經過討論協商後才確定。通常在議定合約時,是按照 SOW 來計價。而計價方式也可能因為每一 SOW 的性質不同,而採取不同的定價方式。主要的定價方式,在圖 2.9 中有進一步的介紹。

以機場捷運系統為例,可能會寫「每一個場站都必須要有自動化的資訊系統」,這就是一個 SOW,而計價方式可能是依照設立的場站數量來計算;而不是寫「資訊系統中必須包含什麼功能」。例如專題範例:線上生涯規劃輔助系統,勉強只能是一個工作條款,因為專題規模太小。

4. 計畫書 (Plan)

專案建議書中的專案規劃必須說明如何滿足雙方的要求,尤其是滿足規格、時效、成本等專案成功的三項基本要件。內容可能包括各項審核會 (Review) 的審核項目 (Checklist) 之羅列及定義 (詳見於附錄 B),還有針對 SOW 做簡單的工作劃分 (Work Breakdown) 及其執行順序的釐清,最重要的必須把

主時程 (Master Schedule) 規劃出來。在專案建議書中的這份專案執行規劃，是將來撰寫專案發展計畫書的最重要藍圖。

5. 調整 (Adjustments)

前四項如果有任何互相矛盾之處，或對公司的人力及資源有不適合的地方，都要做調整，因此調整必須透過協調會議為之。由於專案建議書是一個任務小組 (Task Force) 在短時間中所撰寫完成的，所以必須經各專業單位 (或專家) 審議調整。假設有一個公司的競爭專案主軸 (Theme)，與專案規劃有抵觸，就必須議決如何調整，到底應調整主軸還是計畫書。如果無法在短時間內進行有效調整，就必須準備完整的應變備案 (Viable Plan)。以 Java 語言撰寫程式為例，因為 Java 語言的解譯器也是人寫出來的，所以 Java 本身可能也會有錯誤，因此如這種開發工具上的不適格現象，在當下無法有效排除，就必須說明當工具有問題時解決的方案為何，可稱為一種備案。

6. 決行 (Approval)

當調整完成時，要請主管簽名，確定可以進行專案投標程序。主管決行的內容主要包含四類：

(a) 專案的時程。

依職位階級的不同，提供不同的時程內容。例如給大老闆看的，只要給每一 SOW 的主期程 (Master Schedule) 就好；如果是給較低層的主管，可能就要提出 SOW 往下細分的工作項目之期程。

(b) 雙方兩造代表人。

指外包者與我方代表人，最重要的是確定我方代表人，這是將來法律上的負責人。

(c) 確認成本需求，議價或投標時需要。

通常專案競標時，都必須準備押標金，這是外包者用以確保投標者，會按照法律程序進行競爭的保障。

(d) 確認財務來源。

讓主要的關係人來決定該專案建議書是否可行。通常財務支援都是來自公司的重要股東，尤其重大專案之決行，必須獲得董事會的支持。原則上，就是必須由董事長決行，因為他代表董事會。

7. 遞交專案建議書 (Submission)

將專案建議書提供給公開招標的外包廠商。遞交方式必須按照外包者的要求，在截止期限前寄達。

8. 後續處理 (Post-Submission)

專案建議書送出之後，外包廠商將開始建議書內容的實質審查程序，因此過程中可能會提出問題，投標者就必須要有能力去應付及解釋。愈大的專案，會有愈多的外力進到專案，例如政治、壓力團體等社會力量。通常負責對外協商的人，都不是技術人員或工程師，而是由一群特定的人負責，但這些人可能不具備太多的專業能力或技術，而是專門經營社會關係的團體，但是後面必須有堅強的專業團隊準備解決顧客(發包廠商)的意見與問題。同時應搜集所有專案相關的進一步資訊，以增加贏得專案的籌碼。

2.2.5 專案建議書內容 (The Content of Project Proposal)

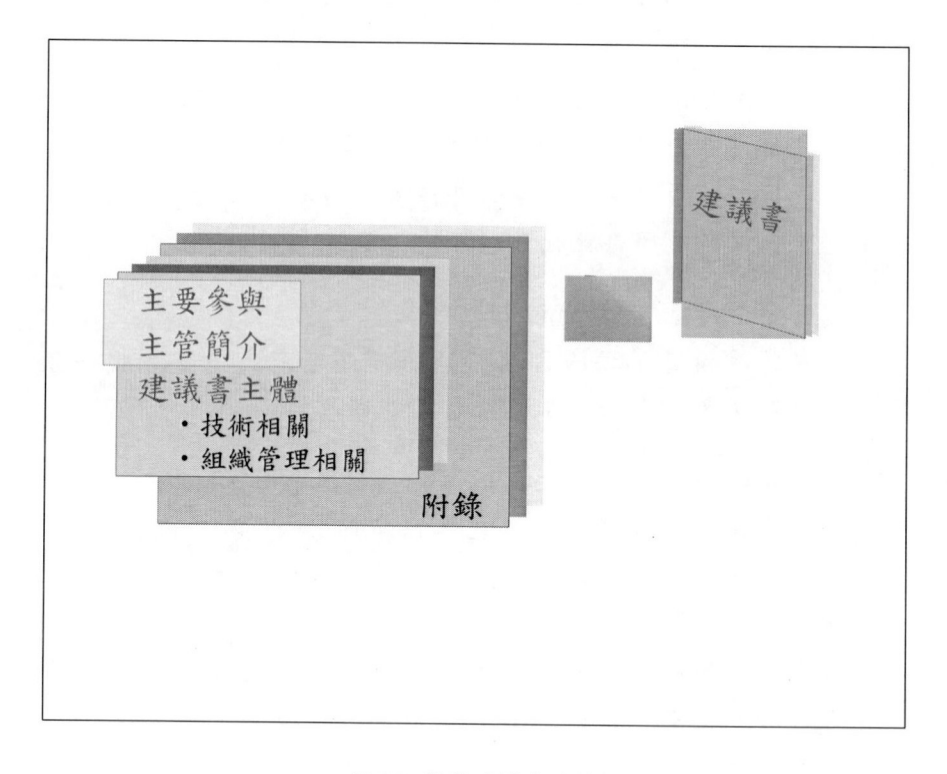

圖 2.8: 專案建議書內容

專案建議書的內容，主要是根據 RFP 所擬定的。本書附錄 A，是以大學畢業專題為案例，所整理出來的一份專題建議書。建議書 (Proposal) 必須能說明承包商如何達到 RFP 中所列出的專案三要件 (Triple Constraints)，主要內容包含三大部份：

1. 重要主管 (Executive Summary)
   標準的 Proposal 通常會有主要參與主管的名單，內容包括姓名、學經歷、專業等，目的在於提升專案執行能力的說服力。簡單來說，就是列出最佳陣容的團隊，顯示執行決心，與完成專案的保證。

2. 建議書主體 (Main Proposal)

   主體部份包含技術說明及承包商之組織管理說明：

   (a) 技術說明 (Technical)

   在技術部分，最主要就是針對 RFP 中有關系統規格需求做出回應，說明在技術上如何滿足這些要求。此外，對大型專案而言，並非整個專案的所有功能都是由同一家公司來執行，其中有部分功能是再外包給協力廠商來完成，當然找當時競標伙伴合作，也是很常見的模式。

   另外，當公司的專案採取外包 (Outsourcing) 時，經常是因為對該專案中的某些技術不熟悉，或對該專案的專業技術沒有足夠的人才，所以選擇外包該專案。在這種情況下，這些公司沒有能力自行撰寫 RFP！

   處理的方式是，向各個有潛力之專案開發團隊收集資料，然後外包者自行統整撰寫。當然如果是公共工程專案，就必須非常謹慎，應避免圖利特定廠商的嫌疑。如果是大型專案，發包商也可能花錢另請顧問公司幫忙撰寫 RFP，這是比較安全的做法，但增加成本。因此專案建議書審查時，技術說明部份，承包商所面對的不只是發包者，還包括其顧問公司。

   (b) 管理 (Management)

   這個部份必須簡要的介紹公司的經營歷史，如果有大型專案的經驗，則是最好的歷史紀錄。另外資本額、營業額、損益表等財務狀況說明，也很重要。還有主要的經營團隊介紹，人力資源介紹，尤其是準備競爭專案的核心技術能量，更是此部份內容的重點。如果有伙伴協同競標，則也必須一併說明。敘明將來執行專案的技術團隊，如何被組織起來，如何運作，如何做好財務管理，時程規劃等等。都要在專案建議書的管理相關部份交待清楚。

3. 附錄 (Appendices)

通常專案建議書附錄的篇幅，遠多於其他各部份之內容。附錄主要與技術部份有關聯，因為技術部份常會使用到參考資料，或有標準規範必須遵守。而這些文件資料都以附件的方式呈現在專案建議書中。

以軟體專案開發為例，可能使用美國國防部 DOD-STD-2167A 的軟體工程指引，當成軟體工程的作業標準。這就得把 DOD-STD-2167A 這本規範文件附在附錄中，除了參考之外，也成為合約的一部份，將來也可以做為履約管理的依據。

此外，所有文件可能隨時都在更新，因此列入附錄成為合約的內容，對型態管理是很重要的依據。否則將來專案驗收時，在規範認定上會產生糾紛。

2.3 議價與合約

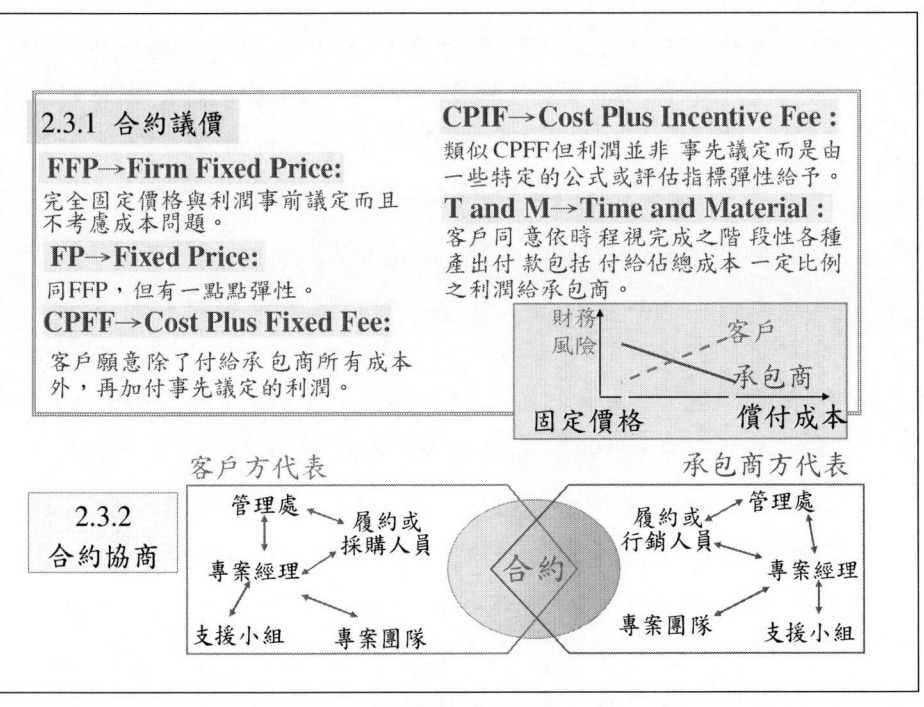

```
2.3.1 合約議價

FFP→Firm Fixed Price:
完全固定價格與利潤事前議定而且不考慮成本問題。

FP→Fixed Price:
同FFP，但有一點點彈性。

CPFF→Cost Plus Fixed Fee:
客戶願意除了付給承包商所有成本外，再加付事先議定的利潤。

CPIF→Cost Plus Incentive Fee：
類似CPFF但利潤並非事先議定而是由一些特定的公式或評估指標彈性給予。

T and M→Time and Material：
客戶同意依時程視完成之階段性各種產出付款包括付給佔總成本一定比例之利潤給承包商。
```

財務風險　客戶　承包商　固定價格　償付成本

2.3.2 合約協商

客戶方代表：管理處、履約或採購人員、專案經理、支援小組、專案團隊

承包商方代表：履約或行銷人員、管理處、專案經理、專案團隊、支援小組

合約

圖 2.9: 協商與合約

2.3.1 合約議價

專案計價方式，通常在準備專案建議書時，就可能與發包廠商進行初步溝通，當然公共工程可能要很謹慎，必須依法。原則上是按照 SOW 逐條定價，而期望的定價方式，發包廠商的意見應該已經敘明在 RFP 中。所以承包商必須以 RFP 為基礎，去擬訂價格。主要的定價方式可以分成五大類：

1. 鐵定不二價 (FFP，Firm Fixed Price)

    在做專案之前，就敲定價格，事後不准再變更。通常SOHO族，或是小公司，小案子，成品買賣等，都屬於此類的定價方式。像買賣房子或車子，也是採用FFP方式。

2. 不二價 (FP — Fixed Price)

    在專案執行之前，就已經談好價格，但事後仍有追加預算的可能。不論是FFP或FP的定價方式，對客戶都較為有利。因為專案執行之前，就幾乎已經確定要付出多少代價，比較沒有風險。對承包者而言，當然風險就較高一點。

3. 成本加固定利潤 (CPFF — Cost Plus Fixed Fee)

    承包商先把成本算出來，並告知對方實際的固定利潤多少，對方可自行決定是否接受。以CPFF為例，假設承包商的工作成本$1000，但承包商希望有固定$100的利潤，所以承包商的定價即為$1100，而外包者可決定是否接受。

    如果承包商的技術能力很強，採用此種計價方式，可以因為成本比其他競爭者低，而提升利潤或競爭優勢。採用此種方式計價，客戶的財務風險會高一點。適用於稍複雜的或困難度較高的專案，尤其是在專案產出，有部份無法由現貨取得，必須自行開發製作時。

    以軟體開發案為例，目前的網頁製作，由於工具軟體非常方便，而且各種媒體、互動介面、資料庫等之軟體組件，都是現成的(現貨)，因此如果是單純的網頁製作，應該是屬於前面兩種定價方式。但倘若有部份無現存組件可供套用，如專題範例：<u>線上生涯規劃輔助系統</u>中，有關易經程序化的部份，就是沒有可供套用的現存組件，因此這個範例以CPFF來定價，應屬合理之建議。

    當然CPFF之定價方式，有一個很重要的先決條件，承包商必須有能力非常精準的估計出自己的成本。

通常有規模的廠商，應該都建立了自己的成本估算模式。有時頗具規模的外包廠商，有自己對該專案的成本估算模式，因此可以要求承包商，以其規定之方式估算專案成本。通常大型的公共工程專案，政府都應該提供成本估算模式，以求成本估算的公平性。

4. 成本加浮動利潤 (CPIF，Cost Plus Incentive Fee)

利潤不是固定的，而是按照某些評估的原則來給付。承包商 (Contractor) 能保證不賠，因為成本是固定要回收的，至於能夠獲取多少利潤則憑本事。通常是透過量化的評估機制，藉以具體計算出利潤的給付。除了應有的合理利潤外，也常會以品質的評估當成利潤計算的依據。從專案的時程要求及品質的控制面向而言，CPIF 可提高發包商 (客戶) 對外包專案的管控度，當然相對的財務風險會提高一些，因為發包商對於付出的金額總數，較難在事前掌握。因此，若要簽訂此種合約，發包商的技術及管理能力必須夠好，才能確保品質與財務風險。採用此種方式計價，當然對承包商較為有利。

5. 依進度計價 (T and M — Time and Material)

在尚未動工之前，無法確知成本多少，只好分段給付金錢。採用此種方式計價，所有的財務風險都落在發包商。因為承包商做多少事就收多少金額，財務風險相當低。所以發包商必須擁有相當良好的財務與專案管理能力，才可以簽訂此種合約。

通常大型的專案會採用 T and M，所以雙方都必須擁有高水準的專案管理能力。適用於研究型的專案，或是從未接觸過的專案。進行 T and M 的專案時，必須要有良好的團隊，判斷是否真的做到專案的要求。

承包商向發包商收費的計價方式，可以利用計值點 (如 Earn Value) 收取費用，每一 SOW 都有估計出其 Earn Value，然後以「計值總數」乘上單位價格，來計價收費。

定價的彈性排序 (由低至高) 為 FFP → FP → CPFF → CPIF → T and M。為什麼發包商願意用對自己有較高財務風險的方式來計價呢？原因有可能那是一個非做不可的專案，例如涉及國家安全的專案。另外發包商對巨額投資的大型專案，當然也有很大的成敗壓力，如果採取相對不合理的計價方式，致使專案失敗，其損失可能更大。當然還有一種可能性是，在關鍵技術上的能量非常不足，因而必須仰賴承包廠商的協助。

2.3.2 合約協商

合約協商 (Contract Negotiation) 的過程，主要是依 SOW 逐條進行。談合約的過程由兩個對等的單位進行，主要由顧客 (發包商) 代表 (Customer Organization) 與承包商代表 (Contractor Organization) 參與協商。通常雙方參與協商的人員，主要由關鍵技術小組成員 (Prime Group) 主導整個協商的進行。各自的小組裡面除了 Prime Group 外，還包括律師 (尤其是跨國專案)、財務人員、履約管理、行銷部門的人。Customer 和 Contractor 在進行合約時，通常各自擁有一個履約管理的單位，稱之為 Buyer(設施供應組、總務、採購、…等)，專門供應設備、設施、處理購案。對一個大型專案而言，這樣的協商可能持續數天，甚至要好幾次才能完全搞清楚。

2.3.3 契約之法定內容

合約內容 (Contract Items) 必須力求法律的嚴謹性，要字字斟酌。通常應該包括以下各項：

- 甲方，委託者，即出錢的一方。乙方，被委託者，即收錢做事的一方。

- 應提供之工作項目、服務及其價格等。例如 SOW。

- 如何包裝、運輸、移交、注意事項。

- 交貨時間，還包括提前交貨或延期交貨所必須面對的問題。

- 做簡單的接收測試，如制訂接收程序。

- 以家電為例，說明書上會指出安裝後，如果無法正常運作，可能是因為什麼原因，做一個簡單的接收測試，來判斷該家電是否良好或故障。

- 行政事務相關項目。如人員證件、營業登記證、專業證照、許可證等。

- 當合約過程有問題時，該如何解決，或該找誰來負責。如代書、法律顧問等。

- 但書 (Special Provision)，即特別的約定。如專案資金需求上限，或顧客(甲方)應該提供的設備或場所。

- 一般約定 (General Provision)。包括法律限制及違約處理等。例如有輸出限制的產品，可能是文件、軟體、硬體、設備、技術人員等。

- 中央政府制定的法律，如採購法規、加班規定、…等。

- 所有權、智慧財產權、重製權、販賣權、…等之宣告。

- 列出所有的需求文件，即 RFP 中的 Data Document。

2.4 本章總結

本章主要是說明一個專案是如何成案的，從策略分析的角度，發包廠商的準備工作，承包商的競爭考量與建議書的撰寫，還有議價及最後的合約議定。茲將一個專案從構思，到最後成案執行的過程，整理如下圖：

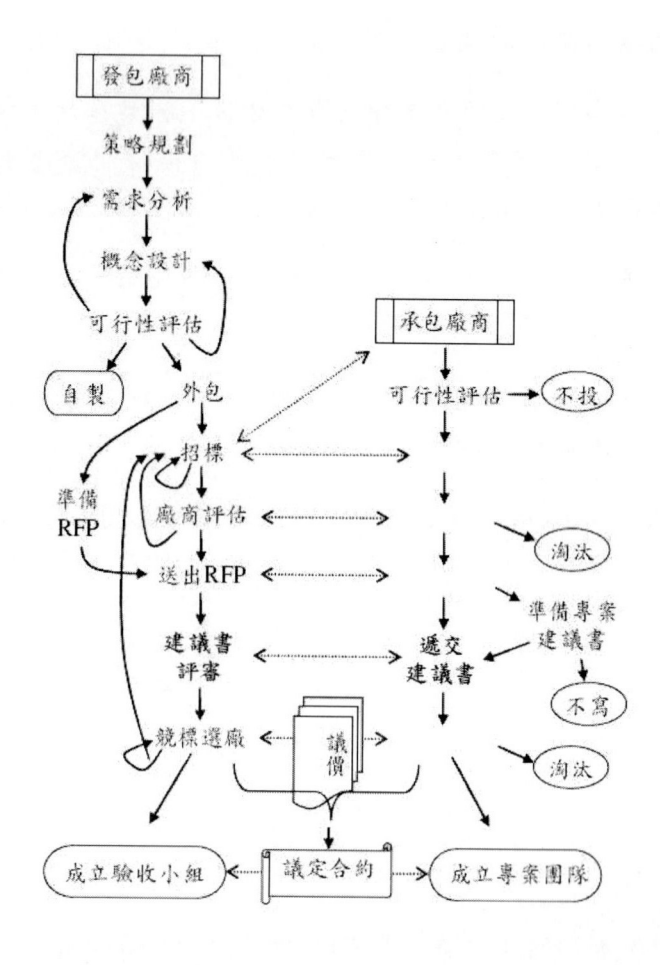

圖 2.10: 專案成立流程總覽

進階參考資料 (Recommended Reading)

1. 有關軟體工程之進階閱讀資料：美國國防部制定之軟體工程指引文件「DOD-STD-2167A」或資策會轉譯之軟體發展指引「SDG2.0」。

2. 有關競標及契約內容之相關知識可閱讀：John Wily & Sons, Inc. 出版的專案管理「M. D. Rosenau, Jr., "Successful Project Management — A Step-by-Step Approach with Practical Examples"」或 McGraw-Hill 出版的專案管理「C. L. Gray, E. W. Larson, "Project Management — The Managerial Process"」。

> 案例研討：專題製作建議書
>
> 請學生將其畢業專題。以本書附錄 A 的格式，提出一份專題製作建議書 (Proposal)。

問題與討論

Q： 在一個大系統的專案開發過程中，因為有很多子系統，所以必須分別與各使用者詳談其需求。但可能各方的想法及專業都不一樣，所以在功能與介面上會有些衝突。在使用者或發展團隊雙邊都需要溝通協調，PM該如何解決？

A：

1. 最好的方法就是請對方參與專案團隊，或是派人參與對方的團隊，如此溝通會比較沒有障礙。

2. 雙方之代表人，即所謂「單點聯絡人(Single Point Contact)」、或「單一窗口對話」。還有正式公文往來，可以做為憑証之用。

Q： 如何能夠確保委外的專案能夠照進度來執行，在業界上是否有一套即定的流程或模式可以供參考？

A： 在在職場上，如果是一個很重要的專案，兩方就一定會有一份非常正式的合約，有履約管理人。在時程上也會列出所有重要的日期，而這個日期就是用來報告目前專案進度的。有時候也會按照這個報告來當作決定要付多少預算的依據，通常預算都是分段付的。在這種分段給預算的過程中，通常也包含很多其它的因素，例如政治、社會力量的滲入，但是最重要的還是要依據工程進度，如果進度太過緩慢，是拿不到預算的。而在小型的專案中，通常是一次或兩次給預算。這些過程與前面提到的 System Life Cycle 模式有關，目前最常見的大型系統開發流程，大都採用 V 型開發流程，這種流程可以讓分析設計階段與測試驗證階段，有非常清楚的對應。

第二章 設定專案的目標

Q： 若我們去接一個專案(專題)，當其需求不明確時，我們該如何分工？接著如何去執行此專案來達成此專案的需求？如果完成後又不符合現在的需求又要修改，該如何調適專案成員的心理呢？

A： 需求不明確時，要先分工以方便釐清需求，把問題找出來，澄清之後再繼續往下做。尤其在職場上，需求不會自己冒出來，有非常多的需求是要自己去挖掘出來的。做出來的結果不符合客戶的需求，這種事情在職場上也常發生。但是要修改功能，必須有一套程序才可以修改，並不是想改就改。當一個專案要做修改時，必須要填修改需求表，如ECP(Engineering Change Proposal-工程修改建議書)，依據ECP所提的內容，討論要怎麼做，或是否要做等事項。通常開發軟體的人提ECP最多，當然客戶也可以提ECP，但如果是由客戶提ECP的話，他就會非常謹慎地詢問專家的意見，或是透過開發的人幫他提，提完之後再審查。成案後可能會產生新的合約內容，甚至新的專案。因此需求的變更，如非開發者的問題，對發展者而言，通常是一件好事。

Q： 所謂招標的案子有幾種？

A：

1. 價格標：
   - 低價標－最低價格者得標，可能因為不敷成本而品質不好。
   - 底價標－價格最接近底價者得標。

2. 規格標：建議書最滿足需求者得標，亦即能力高者取勝。當有實物且規格可以清楚判定時，可用價格標；若規格無實物可供判定，則常以能力來決定得標者。

3. 資格標：第一階段採取規格標，然後規格標高者取得優先議價權，議價不成時再找第二順位，…。

Q： 專題展時，該注意什麼？
　　A：

1. 讓系統動起來。
2. 事先規劃好展示內容，把類似系統與自己的專題系統，做一客觀之比較，最好能指出自己專題具有創新(意)的部份。
3. 把系統中的致命傷一一列出，並想好被發現時該如何解釋。

Q： 如果負責專案採購方面的事，在專案管理的過程中應該如何規劃？
　　A：一般採購有五個步驟：

1. 尋價、訪價：就是釐清價錢之後建立供應商資料庫(database)。
2. 給 RFQ 或 RFP：如果是簡單的，可能就是給 RFQ(Request For Quotation，詢價單)，回來的是一份報價單；如果是較困難的，就給 RFP，回來的是一份 Proposal。
3. 評鑑：與專案核心關鍵技術小組(Prime Group)一起去評鑑，因為 Prime Group 懂專案的關鍵技術，而 Buyer 懂得怎麼買。
4. 招標：招標有 Buyer、Prime Group 的人、履約的人、法律的人、談判的人參與。Prime Group 的人負責技術，履約的人就負責合約草擬、公開招標。
5. 簽約：招標完成之後就簽約。

以上是我過去在業界所熟悉的採購程序(Procurement Process)，不見得上面五件事情都必須做，小專案就不用這麼麻煩。

練習題

1. 專案的三要件除了時間與規格外還包括？[Ⓐ人力Ⓑ成本Ⓒ資源]。

2. 下列那一項與專案目標無直接關係？[Ⓐ組織Ⓑ人事費Ⓒ時程]。

3. 「更好是夠好的敵人」這句話主要是指 [Ⓐ規格問題Ⓑ時程問題Ⓒ成本問題]。

4. 「時程延誤或暫停」所引發的最嚴重後果是 [Ⓐ規格問題Ⓑ時程問題Ⓒ成本問題]。

5. 何者是專案定義與專案規劃間的橋樑 [Ⓐ專案建議書Ⓑ需求規範文件Ⓒ專案發展計畫書]。

6. 專案建議書準備過程中，一開始提出的資金需求是指 [Ⓐ專案建議書預算Ⓑ專案預算Ⓒ包括前兩者]。

7. 在做是否參與競標的決定時，那一個考慮與專案建議書準備程序中的後續處理最直接相關？[Ⓐ需求Ⓑ回覆能力Ⓒ專案價值Ⓓ贏得競標]。

8. 何者與是否參與競標的決策無關？[Ⓐ需求Ⓑ回覆能力Ⓒ專案價值Ⓓ專案價格]。

9. 有時明知無法取得專案為何仍然參與競標？是因為 [Ⓐ想建立聲譽Ⓑ想取得子合約Ⓒ前兩者都有可能]。

10. 準備專案建議書時，何者與團結組織觀念有直接關係？[Ⓐ授權Ⓑ設定專案主軸Ⓒ規劃Ⓓ調整]。

11. 價格(P)與成本(C)之差異？常情下 [Ⓐ$P > C$Ⓑ$P < C$Ⓒ都可能]。

12. 那一種計價方式最不利於顧客的財務管理 [A FP B CPFF C T & M D CPIF]。

13. 何種計價方式顧客的財務風險最低？[A FP B FFP C CPIF]。

14. 下列那種計價方式對專案工作品質的要求最有幫助？[A FP B CPFF C FFP D CPIF]。

15. 下列那種計價方式最需要把工作內容量化？[A FP B CPFF C T & M D CPIF]。

16. RFP 除了系統規格與 SOW 外，還包括 [A SRS B DD C PDP]。

17. RFP 中含的 SOW 是指？[A 工作項目 B 人力資源 C 工作薪資]。

18. RFP 是誰應該要準備的文件？[A 發包商 B 承包商 C 顧問公司 D 以上皆非]。

19. 專案建議書準備程序中的規劃步驟，主要是滿足時程、規格及 [A 財物 B 安全 C 成本] 的要求。

20. 如果合約中希望對「輸出許可」有所限制通常會列在 [A SOW B 行政事務相關 C 一般約定 D 但書]。

21. 如果合約中希望對專案資金總需求有所限制通常會列在 [A SOW B 行政事務相關 C 一般約定 D 但書]。

1	2	3	4	5	6	7	8	9	10
B	B	B	C	A	A	B	C	B	B
11	12	13	14	15	16	17	18	19	20
A	C	B	D	C	B	A	A	C	C
21									
D									

第三章

專案規劃

專案規劃
(Project Planning)

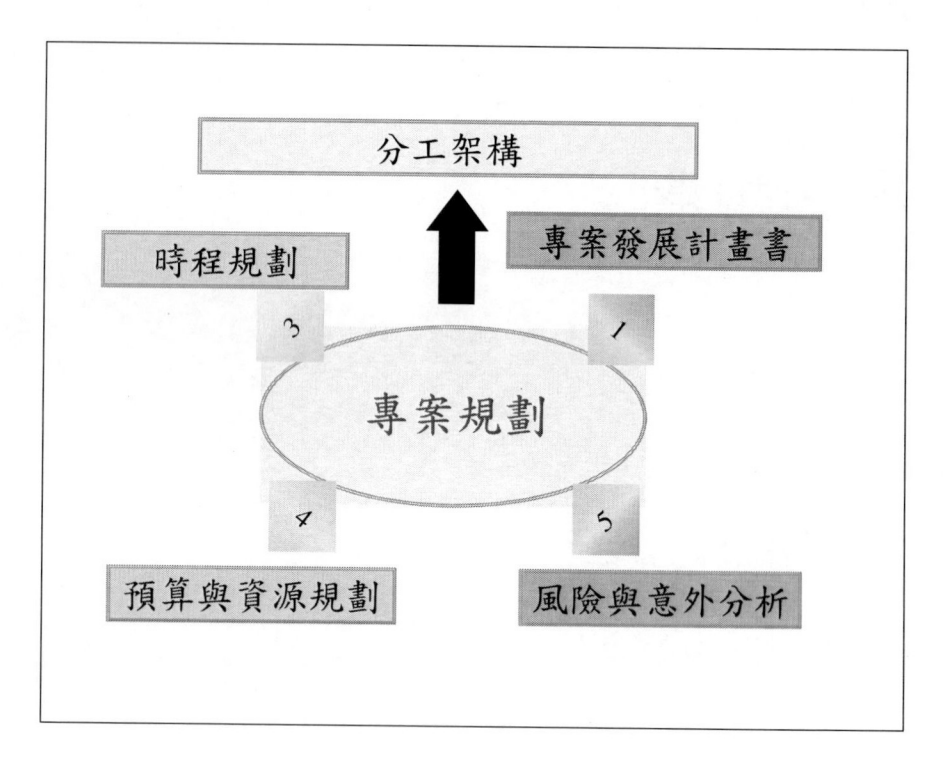

圖 3.1: 專案規劃的五項重點

規劃一個專案至少要考慮以下五個面向：

1. 專案發展計畫書 (PDP — Project Development Plan)
是如何執行專案的重要依據。專案承包商必須充分了解自己目前的各種條件，如人力資源、技術能量、資金、設備、社會關係等等。

根據目前的各種能運用的條件，規劃出一套可行的專案發展程序，證明自己有能力把專案真正成功的完成。PDP 不只在說服委託者，最重要的也是在說服自己！所以不必要的粉飾 (Gold Plating) 應該避免。

2. 工作分項架構 (WBS － Work Breakdown Structure)

釐清所有的工作條款 (SOW)，該如何被分割成一個一個的工作項目 (Work Item)。這是進一步了解工作內容，所必須的重要手段，同時也將 SOW 分解成可以完全掌控的工作項目。這些工作分項，往往也是預算編列與型態管制很重要的依據。因此 SOW 分割的適當與否，除了會直接影響時程規劃，還關係著專案管理的複雜度，以及管理成本。

3. 時程規劃 (Scheduling)

分項完成之後，就可以畫出工作項目的網狀圖，用來表示每一工作項目間，應該被執行的先後順序，才能進行有效的時程規劃。一個專案如果沒有時程規劃，幾乎可以直接判斷它必然失敗的命運！詳細的時程規劃，從以 SOW 為對象的主時程 (Master Schedule)，到每個工作分項 (Work Item)，還有每個 Work Item 底下的工作 (Task) 之細部時程，都必須嚴謹的被規劃出來。

4. 預算與資源規劃 (Budget and Resource Planning)

依規劃好之時程，安排預算與資源的應用。通常是按月或按季規劃，同時也按工作項目規劃，其最後結果，理論上應該相同。當然必須配合各種管控的流程，例如預算執行週報表、月報表、季報表等。並掌握實際執行數與預算差異，必要時進行檢討，也是專案控管很重要的指標。此外，重要資源的使用規劃，可以達到降低成本的目的，否則太早備用會增加庫存壓力，太慢備妥則可能延誤專案時程。

5. 風險與意外分析 (Risk and Contingency Analysis)

風險與意外,最大的差別在於前者可預測,後者不可預測。當然對任何一個專案承包商而言,有那些風險項目,會因人而異,能力很差的人,風險項目非常多!所以必須事先分析識別風險,才有利掌控,進行列管,採取各種避險手段。對於意外,則只能準備好應變小組計畫,平常演練各種緊急應變程序,並訂定意外處理原則。

3.1 專案發展計畫書 (Project Development Plan)

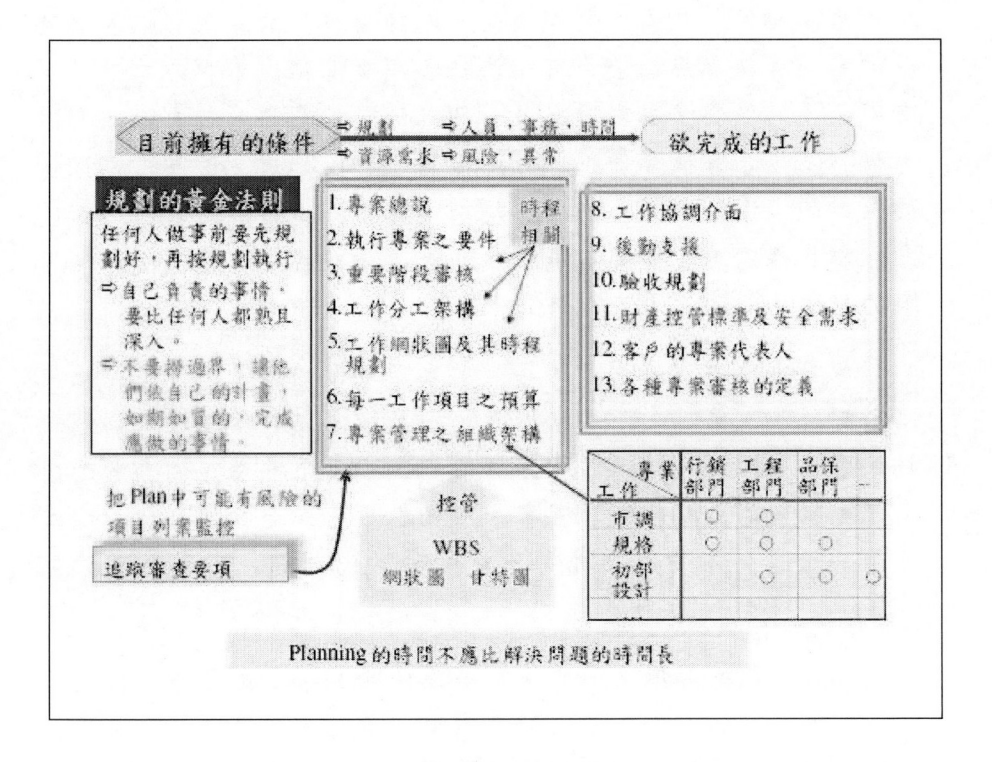

圖 3.2: 專案發展計畫書

規劃就是從目前條件到欲完成工作項目的過程，利用目前或未來所能掌控、支配的條件，例如時間、資源、人力、預算、風險、…等等。將這些已知的條件經過仔細規劃，導出一套達到目標的過程，就是專案發展計畫書 (Project Development Plan - PDP)，簡而言之，就是將已知條件變成結果的一個可行的過程。像數學證明一樣，把已知條件透過可以檢驗的程序，把結果推導出來。專案發展計畫書，就是一套如何完成專案工作的推導過程。

規劃的目的就是在預知未來，已經發生的事規劃也沒有用。所以專案規劃，旨在確定往後的執行過程要如何進行，才能符合專案管理的三要件 (規格、時間、成本)。

規劃可以了解輕重緩急，妥善的規劃，還可以讓各項資源都用在刀口上，而不浪費資源。規劃的越清楚，所花的成本就越低，成本越低，就表示利潤越高。為什麼較少的錢，可以產出較多的利潤，就看規劃是否有辦法把各項資源都運用在刀口上，沒有不必要的浪費。規劃還有另一個目的，就是讓執行有彈性。因為規劃之後才有機會修正，否則做錯了都不知道，因為不曉得什麼是對的！做任何事如果沒有規劃，就不知道什麼是對的，可能愈做離目標愈遠，卻都不曉得。如果事先有規劃，執行後發現原來的想法是錯的，也可以修正。

規劃有兩項重要原則，第一、自己要做的事情，一定要比任何人都深入。第二、不要撈過界，別裝懂。以專案經理人為例，假設已經要開始寫 PDP 了，專案經理必須要很熟悉這個專案的內容，才能規劃出有效的計畫書。在 PDP 中，一定要讓每個人擁有足夠的授權，不要指導非自己專業的技術問題，這樣才能確保 PDP 的可行性。

此外，列管有風險的應注意事項 (Checklist)，也是專案發展規劃時，很重要的工作。不同的專案擁有不同的屬性，注意事項也各不相同。每一注意事項的檢查時間表，可能變成時程中的審核內容。至於 PDP 的內容，可以細分為以下十三項：

1. 專案總說 (Project Summary)
   敘明專案編號及摘要，還有列出關鍵工作項目，篇幅不宜太長，說明要扼要，但不能不知所云。

2. 專案執行要件 (Project Requirements)
   這裡的需求，並非指要開發之系統需求，而是說在專案進行當中，可能需要的配合條件。以開發會計系統為例，專案需求寫的不是會計系統的需求，而是說明進行這個專案的需求，例如專業、人力、資金、設備、…等。

3. 階段性審核 (Milestones)

    專案發展過程當中，有幾個非常重要的審核 (Review)，要一一列出，可以用來管控專案的進行，審議是否與預期中的相符合。以需求審核為例，假設系統需求分析完成，則應該要召開需求審查會議。找一些相關的人員來參與審核，如客戶之單點連絡人(單一窗口負責人)、品保人員、系統分析師、系統驗證測試人員、履約管理的人員、…等等。以資訊系統開發為例，詳細的審核相關事項，請參閱附錄 B。

4. 工作分項架構 (Work Breakdown Structure - WBS)

    把一個專案所有的工作條款 (SOW)，分成更細的工作項目。WBS 是一套與專案管理資訊系統整合在一起的制度，包含時程控管、工時控管、預算規劃、人力資源配置、型態管制等，都全部都與 WBS 有關。

5. 網狀圖 (Network Diagram)

    分項完成之後，畫出網狀圖，釐清每一個工作之間的先後順序，稱之為網狀圖 (Network Diagram 或稱為 Precedence Diagram)。有些工作可以並行，有些則可能因為資源、邏輯、技術需求、…等等因素，而必須有先後次序。根據網狀圖，才能規劃出可行的時程。

6. 預算 (Budget)

    經常是按照時程來規劃預算，因此除了說明每一個細分的工作項目 (Activity or WBS Items) 所需要的預算外，也必須推算每個月需要多少預算。這兩種預算的總數，理論上必須一致。根據本人的經驗，常常按月所規劃出來的預算，會較為接近後來的預算實支數，這可能是按月所進行的預算規劃，比較容易估計到工作項目間的協調整合成本。

7. 專案組織表 (Project Management Organization Chart)

   依照特定的組織方式,將所有參與專案的人員組織起來,方便分工授權。有許多專案組織的方式,與原來公司的組織並不相同,但卻必須能互相支援。此外,專案內部工作小組的分工方式,也有不同的結構,工作分配方式也不同。這在本書第四章再來詳細探討。

8. 工作協調介面 (Interface Definitions)

   指專案進行期間,所有關係人互動的規定。一個大型專案可能又細分成不同的小專案,通常特定的事務或特定的技術會由一個特定的人負責,稱之為單點聯絡人 (Single Point of Contact)。類似單一窗口的觀念,透過這個人來負責溝通任務。當然所謂的協調介面,也包括了專案進行中,對所有資源或設備的支援需求,必須有一個議定的申請或使用流程,有些條文約定,或制定申請表格等,以達到有效控管資源的目的。

9. 後勤支援 (Logistic Support)

   愈大型的專案,其後勤支援就必須愈完整。以國軍的作戰計畫為例,一定有一套很完整的後勤規劃,包括資源及人員的調度,各單位的橫向及縱向的支援規劃,各種標準作業程序 (Standard Operation Procedure - SOP) 的制定。

10. 驗收規劃 (Acceptance Test Plan)

    通常是由開發者所撰寫,說明將來接收測試時要注意哪些原則。較完整的作法是系統移交給客戶後,會在客戶的地方做一次接收測試。有的專案是由一些駐廠人員幫忙客戶做接收測試,視專案而定。

11. 財產控管標準及安全性 (Standards for Property Control and Security)

    說明專案的專屬財產,並敘明對財產的各種主張,例如安全、保密、法律、…等等。不僅包含存取 (Access) 使用規定,可能還包含其他條約的約束,如輸出許可證。

12. 客戶的代表關係人 (Customer Organization Contact Points)

    說明與客戶之間的關係如何建立,牽涉到人的安排。必要時得詢問客戶是否有建議人選。

13. 所有專案審核的內容 (Nature of Project Reviews)

    說明 Milestones 中要檢查哪些東西、由誰來做、要完成的項目、工作分配、順序安排、安全顧慮、使用設備、由誰接收、…等等。以資訊系統開發為例,詳細的審核相關事項,請參閱附錄。

專案不一定要包含上述所有項目,但第二、三、四、五、六項一定要有。大學畢業專題則最少應有三、四、五項,否則就不像一個專案!

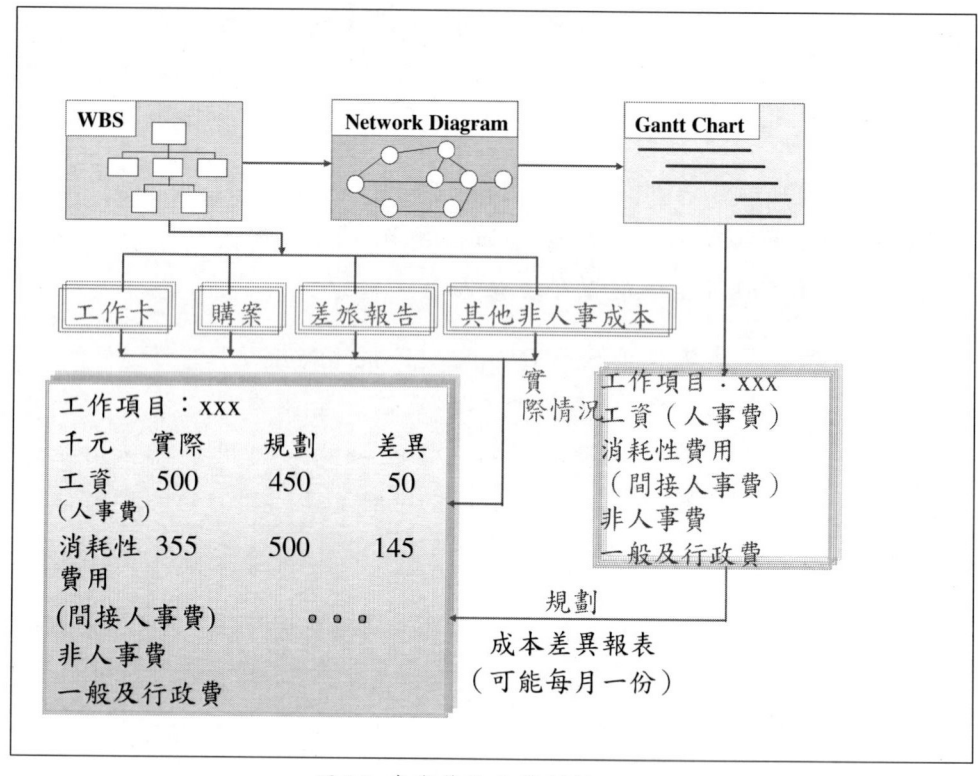

圖 3.3: 專案管控內容剖析

　　PDP 中有三項重要的管控規劃，即分項架構圖 (WBS)、網狀圖 (Network Diagram) 及甘特圖 (Gantt Chart)，三者之間的關係密不可分。如圖 3.3所示，缺一不可。有了 WBS 之後，就可以規劃出詳細的 Network Diagram，說明工作間的順序。有了 Network Diagram 之後，就可以規劃出時程表，即甘特圖 (Gantt Chart)。接著可把預算逐項逐月編列出來，也可將適當的人力資源安排在適當的時間及工作項目上，並利用工作卡可以將專案控管資訊化 (e 化)。所謂工作卡，是把時間、預算與工作結合在一起的表格。可能每天都必須填寫，然後讀入電腦中，以利於專案管理資訊系統的控管。

本書作者過去管理專案的經驗中，對於工作項目、時間、預算等專案三要素的呈現，可以說是三位一體的呈現方式。以底下的例子說明我們當時整體呈現的方式：

單位：千元

工作項目	2	3	4	5	6	7	8	9	10	11	12	分項預算
重要審核日		▽₁		▽₂		▽₃		▽₄		▽₅	▽₆	
工作項目一												100
工作項目二												150
工作項目三												150
工作項目四												150
工作項目五												200
工作項目六												150
工作項目七												150
工作項目八												260
分月預算	150	200	200	100	200	100	150	80	80	50	20	1310 / 1330

我故意舉了一個分項預算與分月預算不符的估算結果，事實上這樣的估算結果，並不值得大驚小怪，是常常會出現的現象。尤其是大型專案，通常所有的工作分項往往包含幾個不同的專業技術，因此由不同的專業人員（或單位）負責分項預算的估計。而分月預算是經由專案管理單位整合的結果，而這個估計比較考慮分項整合及管理的成本，因此兩種估算結果不同是正常現象。當然針對這個不符的狀況，專案經理必須協調各單位主管，找出不符的原因。這個預算交叉估計的動作，常常是早期找出專案團隊組織盲點的重要機會。

3.2 工作分項架構 (Work Breakdown Structure)

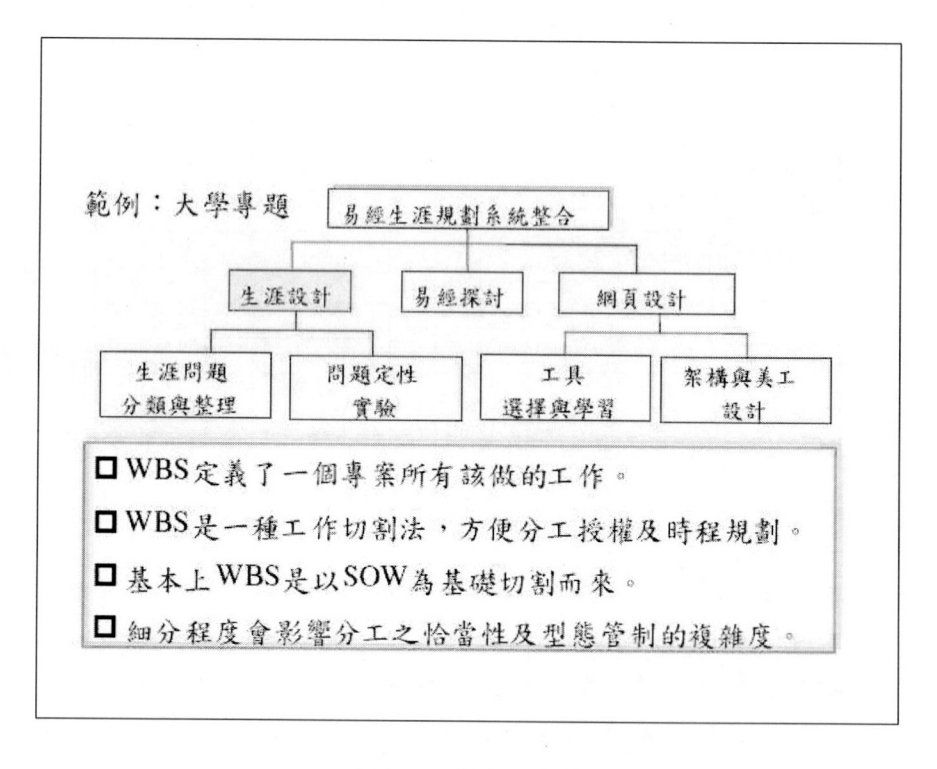

圖 3.4: 工作分工架構

其中各工作項目定義如下:

- 易經生涯規劃系統整合：
  將各類生涯問卷之相關功能，透過權重演算法整合，結合網頁設計，提供生涯分析及建議。

- 生涯設計：
  討論提出常見生涯規劃問題之種類，並分析各類問題出現之原因及條件，據此配合易經卦位特性設計問卷。對問卷內容做定性分析及實驗，設定權重。

- 易經探討：
  研讀易經相關資料，了解卦象及卦位結構。

- 網頁設計：
  建立人機介面，系統網頁整合，演算法設計，程式製作。

- 生涯問題分類與整理：
  討論各種常見的生涯問題，主要以大學生可能遭遇的問題，為設計目標。確定問題類別，並提出符合易經卦象格式的問卷，設定陰陽對應關係。

- 問題定性實驗：
  將各類別問題，以過去、現在、未來等三種時相，設計問題之陳述方式。並收集受測對象，對問卷填寫之意見，進一步確定三種時相結果之權重。

- 工具選擇與學習：
  確認系統開發所需之技術，據此選定應用工具，進行邊做邊學 (On-Job-Training：OJT)。

- 架構與美工設計：
  系統概念圖、系統畫面設計、系統流程設計等，最主要的是易經生涯規劃系統之外部介面設計。

圖3.4中是一個大學專題計畫(Case Study)的範例，分成生涯剖析、易經探討、網頁設計三部分。其中「生涯剖析」又細分為「生涯問題分類與整理」及「問題定性實驗」兩部份。而「網頁設計」部份，也分成「工具選擇與學習」及「架構與美工設計」兩部份。當然任何專案的 WBS 並不唯一，分割工作項目時，除了圖3.4中所示四大要領之外，也與專案團隊的人力及技術能力有很密切的關聯性。

WBS 的圖看起來，像資料結構中所定義的樹 (Tree)。在建立 WBS 時，要考慮工作項目是否能被進一步細分，而分割後的兩部份，其間的介面 (Interface) 關聯性必須愈少愈好，這樣將來在整合時問題會比較少。由於議價時依 WBS 進行，所以也就依據 WBS 做財務規劃。最上層的工作項目可能就是 Proposal 中的一條 SOW。而一個 WBS 對應一個相對的財務報表，所以 WBS 分得太細，行政成本也會相對的提高。如果公司經驗較差，WBS 也許要分細一些，否則不知道要做些什麼事；反之，如果公司經驗足夠，WBS 就不用分得太細。所以利潤的多寡，總是取決於公司的經驗。

　　一個 WBS 的描述，通常以表格的方式呈現。內容必須包含每一 WBS 的唯一編號、名稱、其上下層之 WBS 編號／名稱、預算科目編號、簡要之內容說明、關鍵字、負責單位、單點聯絡人 (負責代表人)。

3.3 時程規劃及預估 (Scheduling And Budgeting)

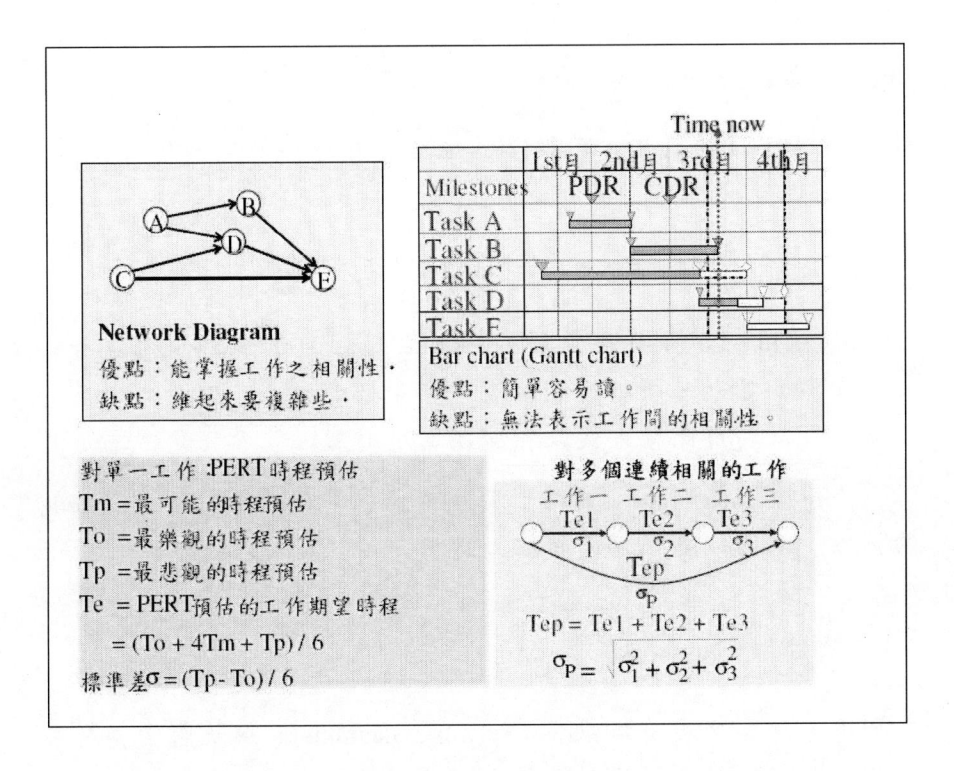

圖 3.5: 時程規劃及預估

3.3.1 簡易時程規劃 (Scheduling)

如何規劃出較佳的時程，可以使用 Network Diagram 找出工作項目間的關係，然後利用經驗或適當的公式，把每項工作的期程推估出來，再根據預估的結果以 Bar Chart (即 Gantt Chart) 畫出來。當然時間的預估，並不是一件簡單的事情，太大的誤差，輕者損失利潤，嚴重會使專案失敗。底下先介紹一種不需要經驗，就可進行的預估。

假設，

Tm： 最可能(最真)做完的時程。

To： 最樂觀的時程。

Tp： 最悲觀的時程。

Te： 期望完成的時程。與標準差配合後就可得最後預估值。

$$Te = [(To + 4Tm + Tp)/6] \pm \sigma$$

To、Tm、Tp 前面的常數，可以依自己的悲樂觀傾向自行決定，當然分母也必須相對調整成所有常數的總合。假設完全沒有經驗，可以利用此種方式來預測所需的時程。

在本章的第四節，將進一步介紹如何累積經驗，並透過經驗的量化，以進行更有效的時程預估。

3.3.2 網狀圖 (Network Diagram)

在 PDP 中，一定要有網狀圖 (Network Diagrams)。網狀圖常見的畫法，有以下所列出四種：

1. PERT(EIN)：專案評核術 (Project Evaluation Review Technique)
   事件 (Event：指起始或完成條件) 放在節點上。

2. PDM(AIN)：工作順序圖 (Precedence Diagram Method)
   工作項目 (Activity) 放在節點上，用有向的箭頭代表工作項目間的順序關係。

3. ADM(AOA)：有向圖 (Arrow Diagram Method)
   工作項目 (Activity) 放在箭頭上，並用結點則代表箭頭上之工作項目是否被啟動的條件。

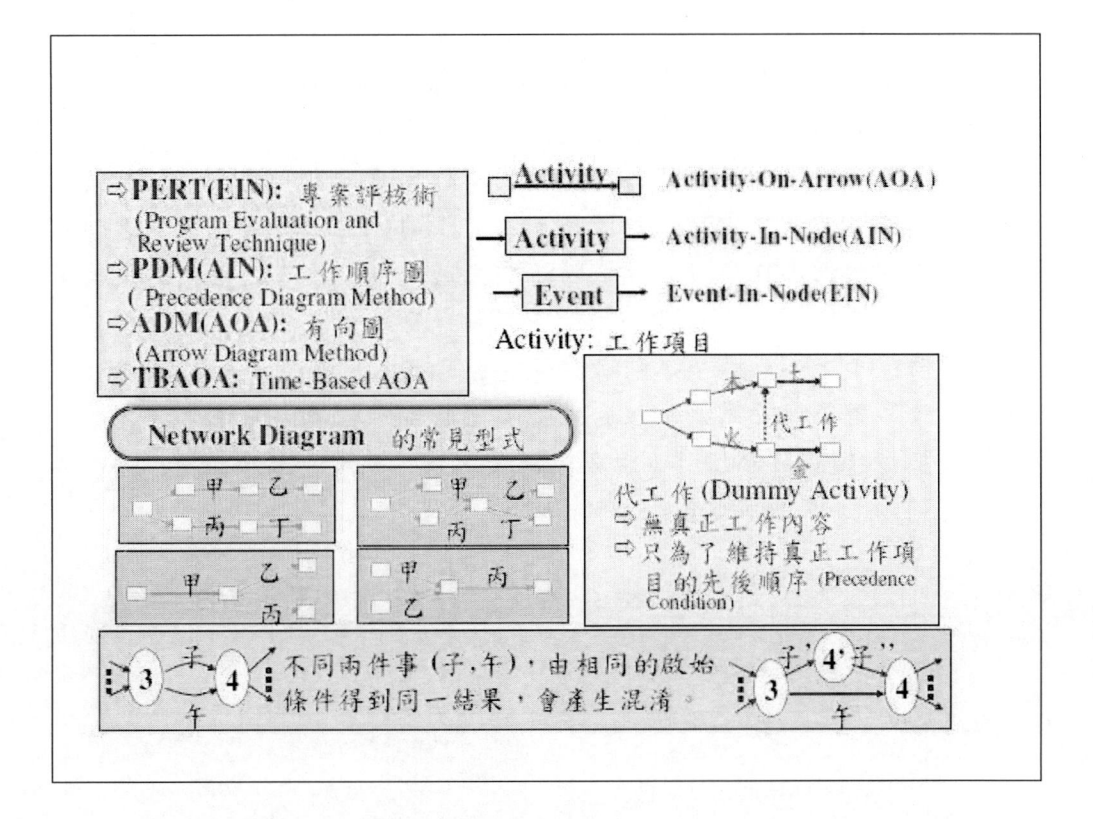

圖 3.6: 網狀圖的規則

4. Time-Based AOA(TBAOA)：在 ADM 的箭頭上標示時程。

　　製作 PERT 的意義，是希望透過專案管理資訊系統，對專案做有效的管控，可以釐清事情的先後順序。幫助鎖定整個專案中，最重要的工作。將重要的工作連成一條線，這條線就稱為關鍵路徑 (Critical Path)。Critical Path 上的工作彼此互相有關聯。Critical Path 上只要有一項工作延遲 (Delay)，這個專案就不能如期完成。

　　代工作項目 (Dummy Activity)，通常以虛線表示。圖 3.6中右側的網狀圖例所示，代表邏輯上「土」一定要等「木」與「火」做

完後，才能開始進行。然而「金」與「木」又在實際上並沒有任何邏輯上的關係。在這種情況下，「木、火、土、金」四項工作之網狀圖，就被繪製成如圖3.6中右側的網狀圖。

同一啟始條件，經由不同的工作項目，卻得到同一個結果，這樣容易造成管理上的混淆。在實際的案例上，可能因為這個專案的一個工作項目只能成功不許失敗，所以找了兩組人馬來做相同的工作。如圖3.6中，最下方的網狀圖例所示，為了區分將其列為「子、午」兩項工作，以便互相對照之。但圖中的表示法，會使專案管理資訊系統在處理上產生混淆，可能因而無法確認關鍵路徑 (Critical Path)。其右方的圖例，將「子」分為「子'」與「子"」，才可能不會產生混淆。

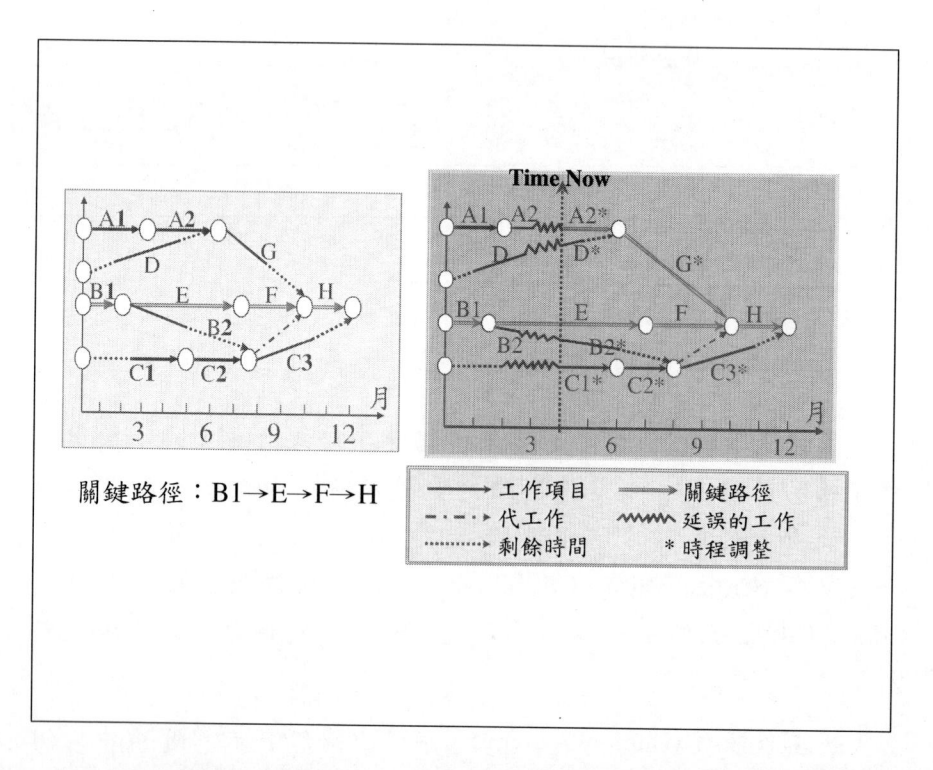

圖 3.7: 網狀圖的使用範例 (本圖文摘錄自進階閱讀參考資料1)

圖 3.7的範例是把工作項目 (Activity) 畫在箭頭上面，並加上時間。如果 Network Diagram 要加上時間，則將 Activity 畫在箭頭上面，會比較方便呈現。此時每一個 Node 就變成一個開始、或結束的狀態或條件陳述。圖 3.7中 B1、E、F、H 的路徑是 Critical Path，表示從專案開始到結束，所必須的最短時間。A1、D、B1、C1 這四件事情可以同時進行。B1、E、F、H 為該專案中最重要的事情。

　　當然另外常見的網狀圖與時程規劃整合的方式，可以把網狀圖畫在時程表上，亦即在時程表上面，每一工作分項的時程條 (Time Bar) 間，加上有方向的箭頭連接線，用以表示各分項工作間的順序關係。值得注意的是，不管以何種方式整合，都應該先有網狀圖的分析結果，才可能產生合理的時程規劃。

　　在 Network Diagram 上的任何事，最終都會回歸到 Critical Path 上。 Critical Path 上的工作通常是 WBS 中最重要的工作條款。Critical Path 的用處以高速鐵為例，畫出的 PERT 必然很龐大複雜，整個專案的大經理絕對不可能去控管整個 PERT 上的所有工作項目！所以大專案的經理必然只能控管 Critical Path 上的工作項目。而且一定會任命一組可靠的關鍵技術核心小組 (即專案的 Prime Group) 去負責，大經理只要嚴緊控管 Prime Group 的工作不要 Delay，就可以確保專案的有效進行。如圖 3.7右方之 Network Diagram 出現兩條以上的 Critical Path 時，會造成管理成本的增加，很有可能會導致專案的失敗，必須盡快採取因應對策。而整個大案中，各個路徑上的大小分包專案中，一定有許多時程上的彈性 (Slack)，可以利用來解決某些工作延誤的問題。

　　如果有人認為 PERT 沒有用，那只有兩個原因，一個是完全沒有大型專案管理的實務經驗，或是從來沒有實際操作過大型專案，才可能產生的想法。

3.3.3 專題案例

以本書所用之大學專題為例，圖 3.4為其工作分項架構圖，根據這些工作分項，經過專題小組分析 (define) 後，其網狀圖被繪製如下：

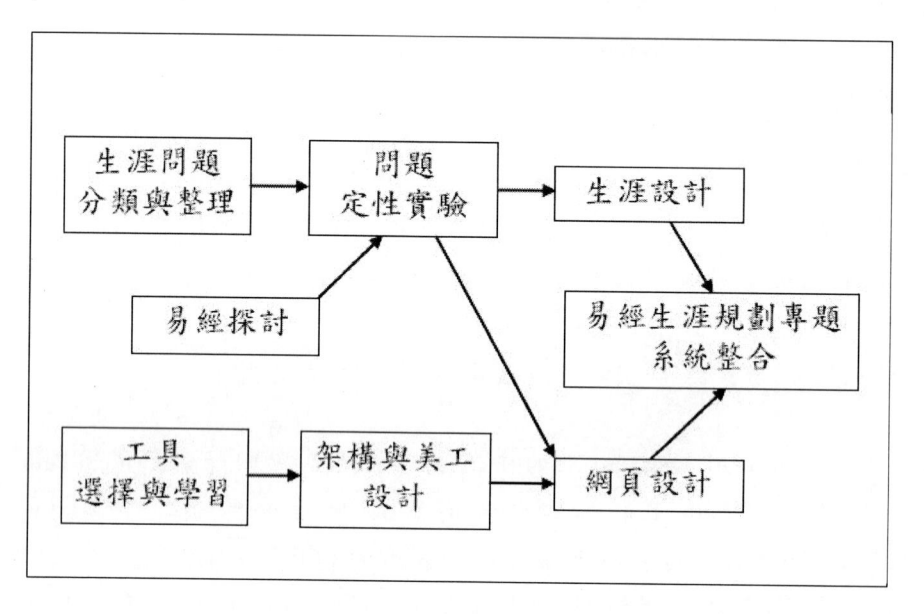

圖 3.8: 專題範例之網狀圖

此一範例為中興大學資訊管理系，某一年的畢業專題，時間是從二月一日開始，一直到同年的十二月中旬為止，總共期程約十一個月。由於中間有一段最重要的暑假，因此時程規劃時，把系統設計與製作，這類需要較多人力的工作項目，安排在暑假期間進行。經過仔細規劃後，最初設定的時程如下：

工作項目	2	3	4	5	6	7	8	9	10	11	12
重要審核日(Milestones)		∇_1	∇_2	∇_3		∇_4		∇_5	∇_6	∇_7	∇_8
生涯問題分類與整理											
工具選擇與學習											
易經探討											
問題定性實驗											
架構與美工設計											
生涯設計											
網頁設計											
易經生涯規劃專題系統整合											

審核項目：

∇_1：系統概念圖審查(03/15)。∇_2：問卷格式及內容審查(04/30)。
∇_3：系統外部設計審查(05/20)。∇_4：系統內部設計審查。∇_5：第一版系統整合審查(09/01)。∇_6：第二版系統整合審查(10/15)。
∇_7：第三版系統整合審查(11/30)。∇_8：專題展示。

3.4 預算與資源分配 (Budget and Resource Dispatching)

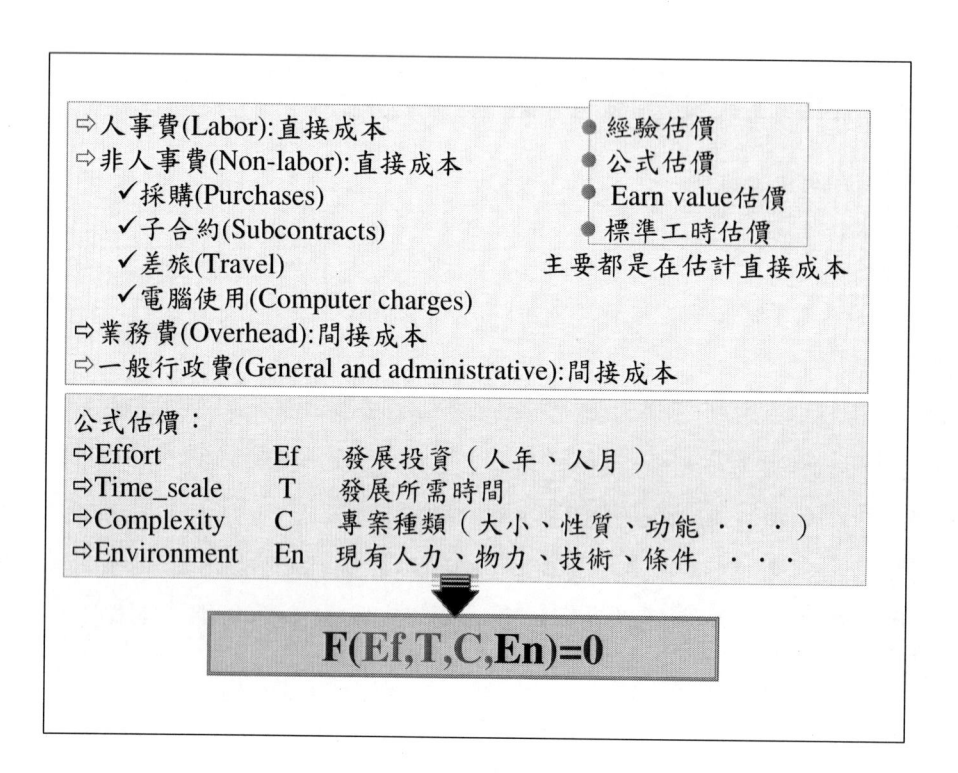

```
⇒人事費(Labor):直接成本              ● 經驗估價
⇒非人事費(Non-labor):直接成本         ● 公式估價
   ✓採購(Purchases)                   ● Earn value估價
   ✓子合約(Subcontracts)              ● 標準工時估價
   ✓差旅(Travel)                     主要都是在估計直接成本
   ✓電腦使用(Computer charges)
⇒業務費(Overhead):間接成本
⇒一般行政費(General and administrative):間接成本

公式估價：
⇒Effort          Ef    發展投資（人年、人月）
⇒Time_scale      T     發展所需時間
⇒Complexity      C     專案種類（大小、性質、功能‧‧‧）
⇒Environment     En    現有人力、物力、技術、條件‧‧‧
                        ⬇
                F(Ef,T,C,En)=0
```

圖 3.9: 預算規劃與估計

3.4.1 預算 (Budgeting)

預算是指執行一個專案所需花費的金額，是真正拿來執行的金錢。這與客戶所知道的成本或價格，經常是不一樣的。預算從用途上可區分為直接與間接兩種成本。

- 直接成本：包括人事費 (Labor) 與非人事費 (Non-labor)。

  – 人事費 (Labor)：包括人事費 (Labor cost) 與非人事費 (Non-labor cost)。

    * 人事費 (Labor)：即人事成本，包括薪資、保險、福利、退休給付等等。
    * 非人事費 (Non-labor cost)：

      · 採購 (Purchases)：例如設備或耗材等費用。
      · 子合約 (Subcontracts)：當專案太大時，需要外包一些工作給其他廠商，所以就必須開子合約。開子合約不應違反主合約 (與顧客) 之內容。
      · 差旅 (Travel)：到外地出差所需要的交通及食宿等費用，常常是出差到不同的地方，有不同的費用標準，尤其是不同國家時。
      · 電腦使用費 (Computer charges)：通常有一個計價標準，例如每日應收取之費用。

- 間接成本：包括業務費、一般行政費

  – 業務費：包括例如公關費、財產保險費、水電費等。
  – 一般行政費：不直接參與專案之行政人事費用，通常負責專案資料之彙集與保存，承辦員工保險業務，人力資源管理，教育訓練等工作項目。

預算的估計，通常是針對直接成本所做的推算，而間接成本與直接成本之規模有關。所以公共工程甚至有法定的間接成本，其數額通常是直接成本的某種比例，現在的法定比例約 75% 左右。以下四種預算估計方式，其實都與經驗的累積有關。

1. 經驗估價：

   不透過其他的工具來估價，只是依據經驗法則。適合小型專案，但必須有足夠之經驗累積，可能是小的創新研究型專案。

2. 公式估價：

   透過公式來估價，並藉此累積經驗或傳承經驗。通常包括 Ef（代表專案之主要直接投資成本，常以人年或人月當單位）、T（代表專案所需的時間期程）、C（代表專案複雜度，通常與專案種類、規模、技術層次有關）、En（代表專案發展的環境因素，通常與公司體質、技術水準、人力資源有關）等四項變數，如圖 3.9 所示。當然公式會因不同的公司而不一樣，公式也是由經驗量化而得。並假設 $F(Ef, T, C, En) = 0$，亦即這四種量，在公司個別經驗能量的觀察下，應維持合理的消長關係。例如正常狀況下，En 越大（表示人力、物力、技術能量越充足）的公司，則 T 在一個合理的範圍內，應該越小才對。

3. Earn Value 估價：

   以量化每一工作項目的方式來估價。如依據經驗，給各個工作條款 (SOW) 一個權重值 (Weight)，然後在依據完成的工作權重值來收費。這個權重值就是 Earn Value。這種估價方式，在 Time and Materials 的合約中，是很常見的一種估算法。而能承接 Time and Materials 合約的公司，必然是規模非常大的公司，而且已經有很多的相關專案經驗，因此其 Earn Value 的估算，一定可以（也必須）提出一套很具說服力的說明。

4. 標準工時估價：

   計算每一項工作之單位成本，並以此來估價。例如，可以按照過去單位中所進行過的系統規格撰寫經驗，仔細統計分析後，發現系統規格文件的標準工時為每頁 48 小時。

根據此一標準工時的數據，只要弄清楚客戶需求後，有豐富經驗的系統分析師，就可以推算出其系統規格文件大約會有多少頁，然後根據公司目前的工時成本，就能將系統規格文件的成本估計出來，而且會有清楚的量化數據可以說明。

3.4.2 軟體專案成本估計模式 (Software Cost Model)

在這一小節中，主要介紹兩種成本估計模式，第一種是建構式軟體成本估計模式，由國家政府單位所提出的方法。第二種是軟體價值鏈模式，由一個頗具規模的私人公司所提出的方法。

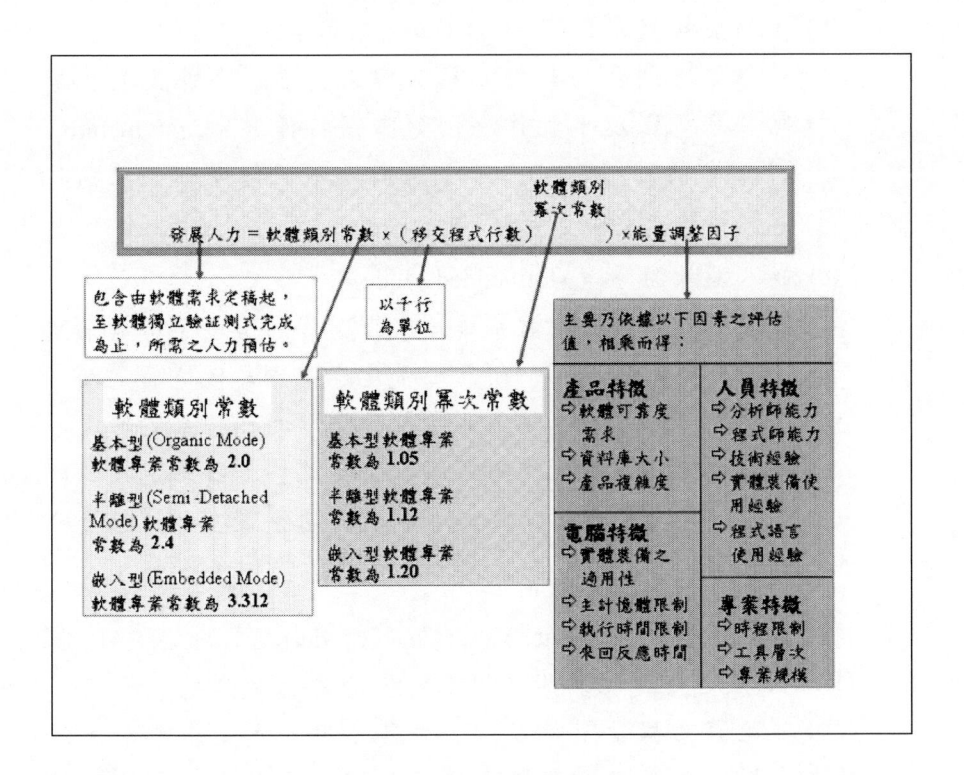

圖 3.10: REVISED 計算模式

1. 建構式軟體成本估計模式

   圖 3.10是美國空軍，在 80 年代數年內，收集近兩百個軟體專案的發展相關數據，藉以修正由 Dr. Boehm 於 80 年代所提出的 COCOMO Model - COnstructive COst MOdel，成為 REVIC Model (REVised Intermediate Cocomo Model)。

   這個公式主要將軟體專案分為三種類型，以便估計出更準確的預算。這三種軟體專案說明如下：

   (a) 基本型軟體專案 (Organic Mode)：
   指一般的電腦軟體開發案，所開發的軟體，將來要在與該開發平臺相類似的環境中運作。

   (b) 半離型軟體專案 (Semi-Detached Mode)：
   該專案所開發的軟體系統，將來要在一套非商品化的電腦系統環境中運作。例如有獨特作業系統 (Operating System) 的電腦系統，若干同型或不同型電腦，以獨特之網路協定整合成的電腦系統。

   (c) 嵌入型軟體專案 (Embedded Mode)：
   該專案所開發的軟體系統，將來運作的環境，與原來開發的平台完全不同。而且經常是沒有作業系統的電腦，因此嵌入式軟體，常常必須包含簡單的作業系統功能，由於無法直接在運作的電腦上開發軟體，因此這類型軟體的開發過程充滿了技術困難度，開發環境也相對複雜很多。

2. 軟體價值鏈模式 (Software Value Chain Model)

   TRW 公司是美國一家具有相當規模的自動載具研製公司，有非常豐富之軟體開發經驗，尤其是嵌入式軟體專案，包括太空梭、太空船、武器系統的軟體開發案。這些軟體開發經驗累積下來後，整理成如圖 3.11的成本分析，這就是軟體價值鏈 (Software Value Chain) 的觀念。

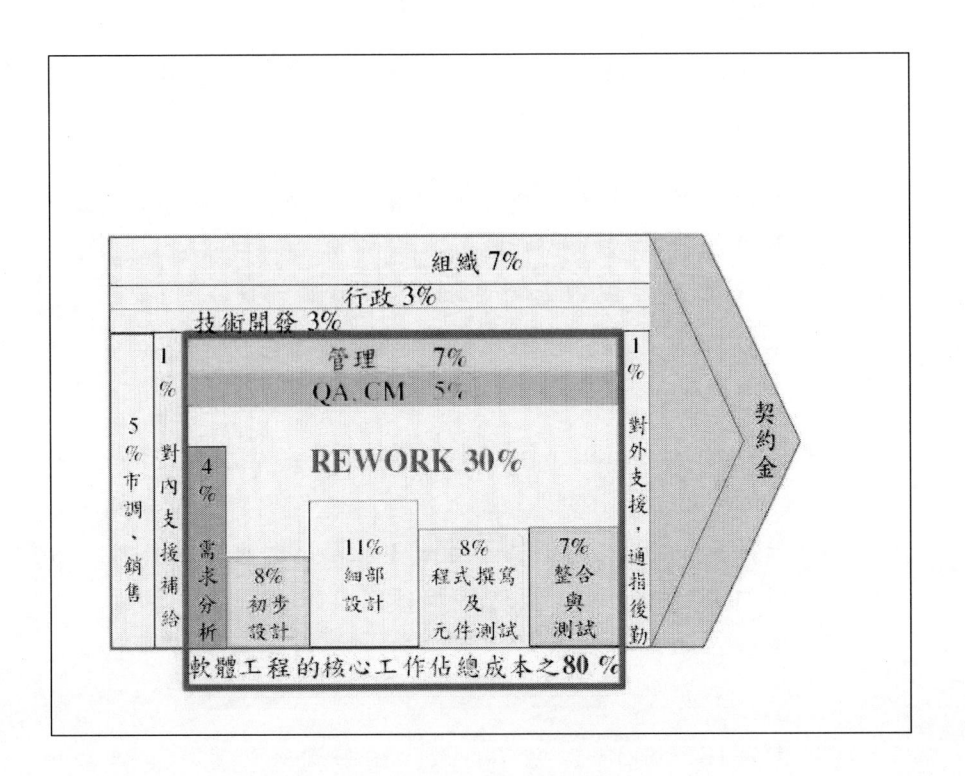

圖 3.11: TRW 公司的軟體價值鏈

　　軟體專案的成本分佈圖 (Cost Distribution)，是指一個軟體專案從開始到結束，尤其是軟體工程部份，每一項工作所需花費的預算，及預算的分配比率。當然每一家公司可能不同，但透過這樣的分析，可以把軟體專案的計價方式，變得更為具體，如此可以避免專案失敗的風險。在 TRW 公司的經驗中，其軟體成本分佈項目如下：

1. 長期性的運作，包括組織、行政、及技術開發。
   這些項目就是所謂的間接成本，通常不與特定專案直接相關，但這些項目的運作，是企業能否創新求變，永續經營的關鍵。

2. 軟體工程核心工作部分為軟體專案本身的實際費用。

- 此處之管理成本，是指軟體專案管理的費用，例如專案發展文件處理、工作日誌、技術協調、…等等，都是軟體專案執行過程必會出現的，也許不屬於直接工程成本，但與專案的順利進行與否，關係密切，為每一專案必要之成本。

- 品質保證 (Quality Assuranc － QA)、型態管理 (Configuration Management － CM) 及需求分析。這些專案管控措施，如果嚴格的執行，常常是由一獨立的 (與專案開發團隊不同的) 小組，來負責這些工作項目。參與的人不多，但這些人的成本都很高，因為這些人通常都是資深且有經驗的工程師。

- 重做 (Rework)，做完了再做。例如需求變更，使得某些做好的項目必須更改，甚至重做，也可能一改再改。還有測試時發現異常也都要改。這種成本幾乎佔軟體工程核心成本的一半！從這個很有經驗的大公司身上，可以知道學校的畢業專題，如果一改再改，其實是很正常的事情。

3. 市調銷售

如果開發的軟體是一個要上市的商業產品，就要調查該產品的市場需求。當然也包括系統維運期，此時期的市調，可以決定投入維護資本的規模。

4. 內外支援

對內支援，即專案有關的後勤，例如市調，履約管理，行政支援。對外支援，則包括平常客戶關係管理，已移交軟體之維護支援，還有如對行銷人員的技術支援等。

5. 客戶服務

這是指已經有商業往來之顧客，必須有足夠的售後服務，提供諮詢，維持妥善率。大型專案甚至必須有駐廠服務人員。

6. 契約金

又稱履約保証金，為議定價格的某一比率，專案結束後可取回。

圖 3.12是作者過去工作的單位，累積約五年的軟體開發經驗，所統計出來的成本分佈 (Cost Distribution) 狀況。

應依照各單位之軟體工程能量調適		
階段	人力分配	時程分配
軟體發展規劃和軟體需求分析	10%	20%
軟體初步設計	18%	22%
軟體細部設計	24%	16%
程式製作與電腦軟件元件測試	20%	16%
電腦軟體組件整合與測試	18%	16%
電腦軟體型態項目測試	10%	10%

圖 3.12: 軟體專案各階段人力及時程分配

從以上經驗當中，可以歸納出底下幾點特性：

- 人力分配會隨著工作量的需要而有所增減。

- 軟體設計階段，需要的人力最多。

- 開發軟體專案的初期階段，是比較耗時的工作。

因此，如果想縮短人力成本，則軟體開發工具自動化層次的提高，與軟體程式的可再利用性之提升，是首先必須考量的重點。如果想縮短時間，則如何強化需求分析能力，有效掌握市場動態，甚至維持良好的顧客關係，都是非常重要的工作。有時候，當人員不充裕時，可能做型態項目測試的人員，就是當初做需求分析的人員。但是這樣就無法達到獨立驗證的效果。

3.4.3 資源分配 (Resource Allocation)

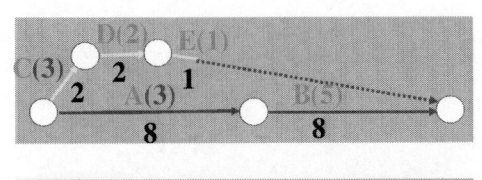

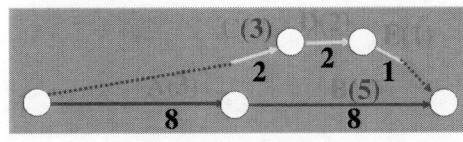

圖 3.13: 資源配置範例 (本圖例摘錄自進階閱讀參考資料 1)

　　PERT 的網狀圖 (Network Diagram) 除了釐清關鍵路徑 (Critical Path) 外，還有一個很重要的用途，就是根據 Network Diagram 規劃時程時，可以有許多種規劃選擇。至於要選擇何種時程，可依情況而定。如圖 3.13所示，C、D、E 與 A、B，這兩條路徑上的工作可同時進行。其中 C、D、E 是有順序性的。最右邊的節點條件 (Node Event) 想要滿足，必須等前面兩條路徑上的工作都完成，才能達到應有的條件。如果 C、D、E 早點開始，則該段時期所需的最大人力只有 6 個。如果慢點開始，可能需要 8 個人力。

兩種不同的時程規劃，會使人力資源的尖峰需求量不同。也許全部的總人力需求並沒有改變，但是尖峰需求量不同，就表示成本的增加，管理 6 個人與 8 個人的成本，必然不同！

3.5 風險與意外 (Risk and Contingency)

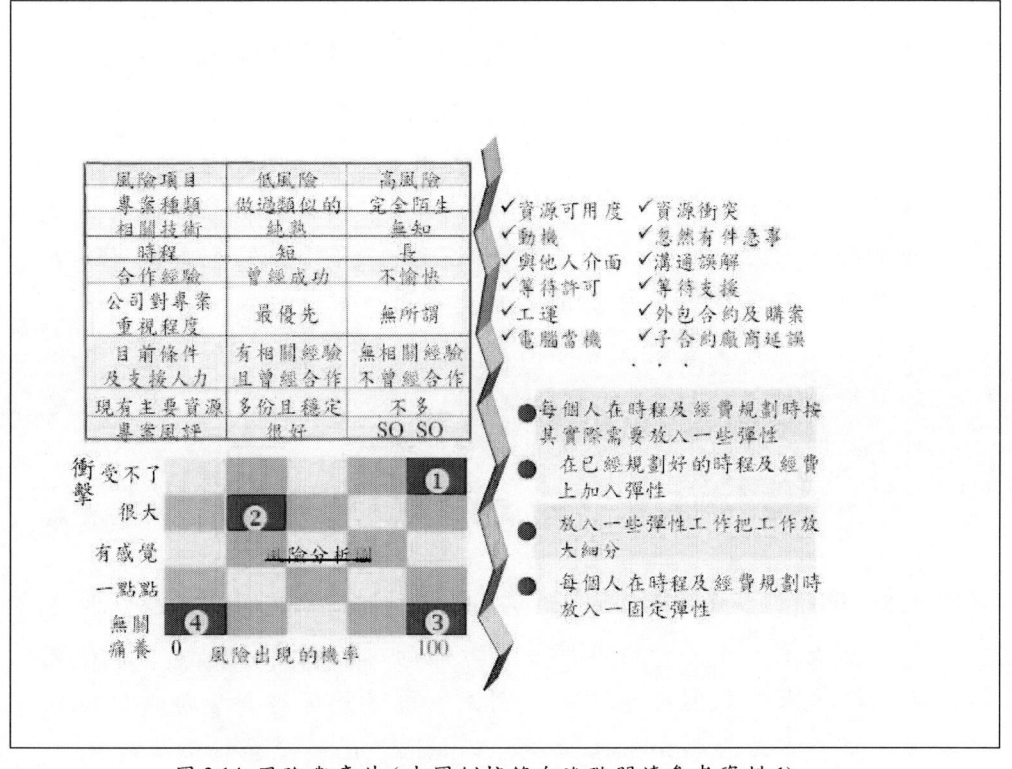

圖 3.14: 風險與意外 (本圖例摘錄自進階閱讀參考資料 1)

意外乃指事先無法預料的狀況，而風險則是指事先可預知會發生的事，例如人會死，是每個正常人都知道的事，只是死法不同。圖 3.14 中，右邊是意外處理，左邊是風險分析。對未來的預測能力愈好，意外的感覺就會愈少，就可以做風險的有效管理與控制。因此，所謂意外或風險，每個人或每個不同的團隊，都會有不同的項目。因為各自能力不同，有些人可能連早上醒過來，都是一件意外！

3.5.1 風險識別與管理 (Risk Identification And Management)

有些風險項目是很容易判斷的，例如圖3.14左邊的表格中，專案的種類、複雜度等，就是一個很明顯的風險考慮項目，複雜度越高，風險當然就越高。關鍵技術的能量是否足夠？契約的時程是否很緊湊？與合約廠商的合作經驗是否順暢？專案受重視程序？等等，都是影響專案成本，甚至成敗，所必須考慮的重要項目。

弄清楚風險項目之後，要將可能的風險因子考慮到時程規劃中。然而如何分析風險項目的輕重緩急，圖3.14左邊提供了一個很簡單的風險識別方式。風險分析圖中Y軸代表衝擊，即可能造成的損失。X軸代表風險出現的機率。「1」所代表的位置，表示該項風險幾乎一定會出現，而且一出現可能導致失敗，因此一定要預防，甚至可能需要專門成立一個特別專案，藉以處理這樣的風險項目。「4」所代表的位置，則表示該項風險不太需要處理，無關痛癢的，而且不太可能會出現。

圖3.15是NASA的一個軟體專案分析風險的案例，用過去類似專案的經驗值，進行風險分析，藉以決定是否要做獨立驗證與測試 (Independent Validation and Verification - IV&V)。所謂IV&V是指軟體完成後，找另一群非開發該軟體的工程人員，通常需要資深工程師，來做軟體型態項目的測試，檢查是否符合當初設定的規格。這其實是含括兩個工作：「Validate」比較像驗證與「Verify」比較像測試

1. Validate：驗証
   用盡各種辦法，可能是個Tools、可能是個系統、可能是個狀況、…等等，驗證待驗軟體執行後的輸出，與當初所規劃的需求規格是否一致，著重於外部行為正確性的驗證。所以這是一種黑箱測試。

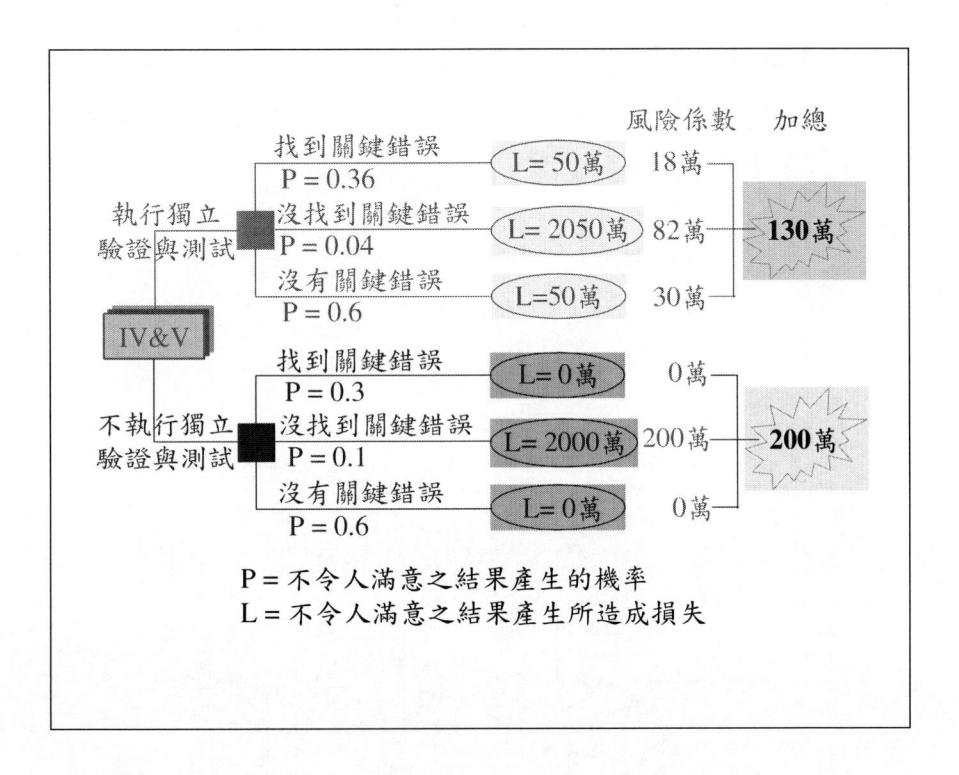

圖 3.15: 軟體風險管理—NASA 的案例

2. Verify：測試

目的是為了釐清程式是否正確，比較像在檢查程式裡面的邏輯。於是想盡辦法給一些資料，讓程式裡面的錯誤顯現出來，著重於內部行為的驗證。通常會給三種輸入狀況來測試：

(a) 正常的輸入狀況。

(b) 會讓程式滿載的輸入狀況。

(c) 與程式完全不相關的輸入狀況。

有時候 Validate 是正確的，但在 Verify 時就有錯誤，所以必須不斷的做 IV&V 的動作。以圖 3.15中案例之結果，選擇執行獨立驗證與測試較為有利，因為風險所造成的成本損失期望值較低。

風險管理是大型專案很重要的一環,事前的分析及過程中的管控,以及當發生時的因應措施,都是專案經理人必須掌握的。圖 3.16 是常見的風險管理概念。

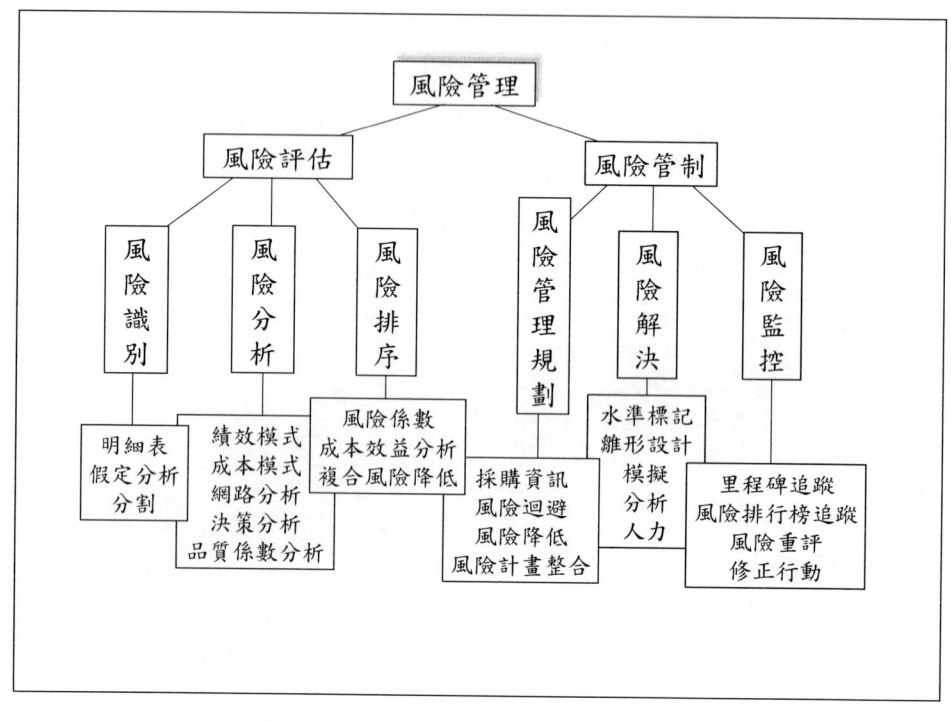

```
                        風險管理
                    ┌──────┴──────┐
                風險評估          風險管制
            ┌─────┼─────┐    ┌─────┼─────┐
          風險   風險   風險  風險   風險   風險
          識別   分析   排序  管理   解決   監控
                                規劃
          明細表  績效模式 風險係數 採購資訊 水準標記 里程碑追蹤
          假定分析 成本模式 成本效益分析 風險迴避 雛形設計 風險排行榜追蹤
          分割   網路分析 複合風險降低 風險降低 模擬   風險重評
                決策分析        風險計畫整合 分析   修正行動
                品質係數分析              人力
```

圖 3.16: 軟體風險管理六大步驟

在做風險管理之前,必須對本身的條件相當了解才行,否則列出的風險項目是無意義的。風險管理有兩件重要的事情要做,先評估對自己而言是否為風險項目,然後再擬定管制風險的對策。

- 風險評估：分三階段

    1. 風險識別：對公司目前條件而言，什麼是風險。
    2. 風險分析：利用經驗數據，以數學模式量化風險。
    3. 風險排序：按風險量化的結果，排出處理之優先順序。

- 風險管制：分三階段

    1. 風險管理：找到替代方案，迴避風險。進行風險管制防止。
    2. 風險解決：透過分析、模擬或實驗，建立水準標記 (Benchmark) 找出解決風險的方法。
    3. 風險監控：對風險做嚴密監控，建立審查表 (Checklist)、審核 (Review)、狀況掌握等，隨時準備面對解決。

3.5.2 意外管控 (Contingency Control)

非始料所及的事件，就是意外。因此這與專案團隊的預判能力息息相關。通常大型的專案團隊，一定隨時都有一套緊急應變措施，甚至平常就要定時預演緊急狀況排除。這些包括制定標準的緊急處理程序，緊急應變小組如何組成，排除意外的標準工作流程。最重要的善後處理，結果之檢討要領，最終必須提出報告，還有預防意外再出現的方案。

圖 3.14 右邊，列出一些較可能的意外事項，如資源的可用度，假設公司中有一個資源非常昂貴，只能透過分享的方式使用，通常不會產生太大的問題，除非是機器滿載、或機器故障…等，此時就會在資源使用上，有意外狀況出現。人的動機也可能忽然改變，而促使專案不再被重視，也可能引發失敗。與他人介面，可能因為其他人的突然無法配合而導致工作被迫中止。等待許可也可能有意外狀況出現，以台灣固網為例，固網業者必須要

有許可證才可以開始經營，否則可能會對國家安全造成影響。但是有些固網業者在還未拿到許可證前，就開始準備硬體設備、發射台…等，但是經政府評估後，拿不到許可證，而導致專案成本一去無回。其他還有許多可能的意外，如工運、電腦當機、資源衝突、忽然有件事變成很急、…等等。當然不同的公司對事件的意外感會不同，與該公司的經驗、資本、技術能量等條件有關。

處理意外的方法，最重要的習慣是，必須在時程及經費規劃時，按其實際需要放入一些彈性。這些彈性可以用來應付 Delay、或突發狀況。在已經規劃好的時程及經費上，也得想辦法加入彈性。還有放入一些彈性到工作項目中，把工作放大細分，當工作有變化時，也可以做調整。

最後風險與意外的管理在規劃中，應該把握的原則，可以被歸納如下四點：

1. 事先預測可能出現的風險項目：
   這必須將專案中，所有關鍵事務的因果關係釐訂清楚，才可以一窺究竟的。

2. 對風險項目做各種預防措施，避免或降低其發生的機率：
   這些預防措施，最好是以廣結善緣的方式處理，不應不擇手段的進行，否則引發的後遺症，可能比風險還難應付。

3. 當風險項目仍然發生時：
   這有兩種狀況一為風險如預料中的出現，另一類為風險很意外的出現。前者就依事先規劃好的對策進行控管，但切記必須對事不對人，否則會喪失解決問題的黃金時間！第二類則屬於意外管理的範疇，必須把平常就備妥的緊急應變程序啟動，應變當中必須把握三項原則，不散亂、不檢討、不逃避，一切以先把損失控制住為最高指導原則。

4. 善後：

必須把握兩項原則，針對事件進行徹底的檢討，找出所有發生的原因及條件，補強避險規劃及措施。另一原則，將整個事件從發生，進行處理，到完全排除，及事後的檢討與改善規劃，全部詳實紀錄下來，建立完整的案例檔案。

3.6 本章總結

專案發展規劃,可以說是運用經驗的考試。因此每次執行專案後,不論是成功或失敗,經驗都非常重要,必須被非常有效的整理紀錄下來。然後利用經驗,把發想的概念落實成可行的程序。

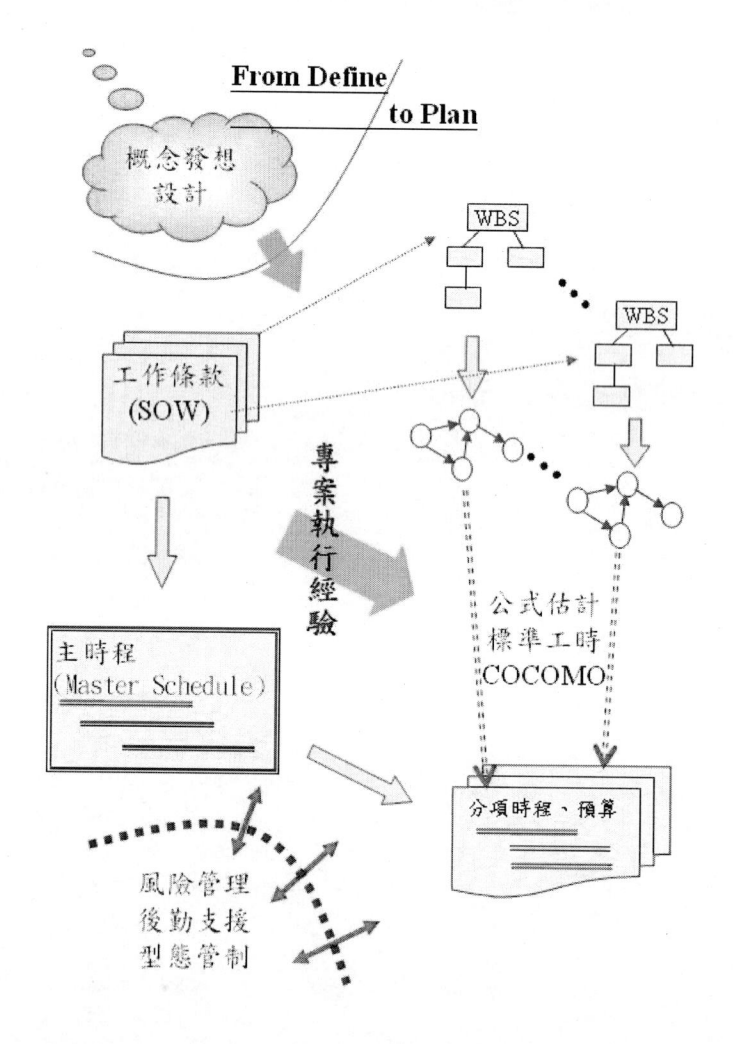

圖 3.17: 專案發展規劃概念圖

進階參考資料 (Recommended Reading)

1. 有關 Critical Path、資源管理及風險意外之進階閱讀資料：John Wily & Sons, Inc. 出版的專案管理「M. D. Rosenau, Jr., "Successful Project Management — A Step-by-Step Approach with Practical Examples"」或 McGraw-Hill 出版的專案管理「C. L. Gray, E. W. Larson, "Project Management — The Managerial Process"」。

2. 有關專案審核之進階閱讀資料：美國國防部制定之軍用規格「MIL-STD-1521B」。

3. 有關品質保證之進階閱讀資料：美國國防部制定之軍用規格「DOD-STD-2168」或 ANSI 與 IEEE 制定的「ANSI/IEEE Std 730」。

4. 有關軟體量化技術之進階閱讀資料：IEEE Press 與 Chapman & Hall Computing 出版的軟體量化「K. H. Moller, D. J. Paulish, "Software Metrics"」。

> 案例研討：工作、人力與時程
>
> 請學生將其畢業專題建議書中，有關工作分項架構 (WBS) 部份，逐項列出負責人。並依建議書中所規劃之時程，調整成符合目前現狀的時程表，而且逐月列出投入之人力分配。

問題與討論

Q：假設在某一里程碑審核時,發現許多問題且可能影響下一個里程碑,該加班進行問題排除,或是直接將時程延後?哪一個成本較低?

A：原則是不能違約。若對方同意則可以展延;追加成本也是另一個可行的方案。要確定有辦法說服對方延期的原因不全在自己,彼此吸收一點損失,降低些許利潤,但達到雙贏的局面。或是更改規格,即提 Engineering Chang Proposal (ECP),但是這牽涉到合約的問題,所以要合議如何修改合約。

Q：發展中的專案其中一項技術過時了,專案管理者是否要考慮新的技術對專案的影響,而因此改用新的技術?

A：不是每一項技術都受人喜歡,每項專案技術都應有自己的「Road Map」,而 Road Map 上的每一個 Milestone 都有一新的代表性產品,也是未來產品更新發展的路線。Road Map 可不只一條,未來的產品期望,就當前的技術而言也可能是不可行的,所以也是目前技術基礎上的研發目標。而專案產品訴求對象分析,和 Road Map 要相互輔佐,才能避免專案過程中,使用過時技術的問題。若新技術和專案技術有關,而且比專案技術還要好,那就表示當初專案決策錯誤,Road Map 規劃有嚴重瑕疵,這樣專案就容易失敗。

Q：專案幾人最有效率?

A：以專案大小規模決定人數,最佳人數永遠是「少一人」。只要「多出一人」情況就變差,人力過剩導致忙於工作的人,永遠都會看見一個沒事做的人,如此容易引起人際糾紛。

Q： 資源受到限制的時候，專案的時程應該要怎麼樣安排？
A： 在每個專案的進行過程中，都會碰到資源受到限制的問題。有時一個很重要的很貴資源，不可能為每個專案買一套，所以必須共用。或者一些非常稀少的專業，公司裡面的人可能就不多，若這個人必須支援很多專案，那必須等這個人。

在排工作時程時，必須把關鍵或是很重要的資源，可能出現的時間，事先想好，並排進時程，同時準備一個或數個備案，當資源受限時該怎麼辦的 plan。若這個備案想不出，當初就不應該接這個專案，否失敗的機會很大！可行性不高的專案不能接，會害人害己，甚至賠上公司的聲譽。所以接案前，一定要搞清楚什麼資源是重要的。

Q： 學校專題的人員配置及時程控制，較難做到公平及恰當。對於一個擔任很多職務的人，因為比較忙，有時進度因落後很多而趕工，導致很多時間都要耗在專題上，根本沒時間去做其它的職務，在這個緊要的時刻，該如何做好時間管理及風險管理呢？
A： 把所有的時間都規劃好，把所有的事情都排出優先順序來，並依序去做。在專案管理上，有一個重要的概念，稱為「D-day」時程。D-day 就是指如果某天一定要完成某件事，而且非完成不可，我們就將那一天訂為 D-day。把所有 D-day 該完成的目標設定好，從那一天往前推，定出什麼時間必須完成什麼事，且每一天都不可以浪費掉，這就是 D-day Schedule 的觀念。

Q： 什麼是 Validate？什麼是 Verify？
A：

- Validate：驗証。檢驗系統跟當初設定的規格是否一樣。用盡各種辦法，可能是個 Tools、是個環境模擬系統、是個狀況。用各種方式運轉系統，看系統行為是否符合需求。
- Verify：測試。檢驗系統運作過程對了沒有。比較像在檢查系統裡面的運作邏輯，想盡辦法給一些狀況讓系統的錯誤能顯現出來。通常會給三種測試狀況：

   (a) 正常的狀況。

   (b) 會讓系統滿載的狀況。

   (c) 系統不應處理的狀況。

練習題

1. 下列那一項與 Network Diagram 無關？[A Resource Planning B Theme Fixation C Schedule D Critical Path]。

2. 下列那一項與 Schedule 規劃無直接關係？[A QA B Network Diagram C WBS D 經驗]。

3. 下列那一項應在 Schedule 規劃之前完成？[A Identify Critical Path B Network Diagram C Coding D Requirement analysis]。

4. Project Development Plan 中的 Interface Definition 是指 [A 人機介面 B 資料介面 C 通訊介面 D 工作協調介面]。

5. 下列那一項是屬於專案發展計畫書中的 interface definition？[A 物料請領單 B 資料傳輸介面 C 人機介面 D 以上皆非]。

6. 專案發展計畫書中的 requirement 是指 [A 系統需求 B 執行專案之需求 C 後勤支援需求 D 以上皆非]。

7. 令 a、b、c 分別代表 bar chart、network diagram、wbs，下列那一個順序才是正確的規劃順序 [A abc B cba C bca D cab]。

8. 以 AOA 畫 network diagram，如兩個 node 間不存在任何工作項目，但又有先後次序關係時，應如何表示？用 [A solid edge B slack edge C dummy edge D none of the above]。

9. 下列那一項與計價公式沒有直接關係？[A 專案複雜度 B 人事費 C 環境因素 D 行政費用]。

10. 標準工時主要預估的費用是 [A 設備費 B 人事費 C 行政費 D 差旅費]。

11. 下列那一項與公式計價沒有直接關係？[A $P > C$ B $P < C$ C 都可能]。

12. 下列那一項是直接成本？[A 設備費 B 行政支援費 C 後勤支援費]。

13. Prime Group 是負責 [A 核心程式開發 B 關鍵路徑工作 C 系統測試]。

14. 風險管理中最先進行的是 [A 風險分析 B 風險識別 C 風險評估]。

15. 專案的人力需求在發展過程中是 [A 階段性變化 B 固定的 C 以上皆非]。

1	2	3	4	5	6	7	8	9	10
B	A	B	D	A	B	B	C	D	B
11	12	13	14	15					
A	A	B	B	A					

第四章

專案團隊組織

專案團隊組織
(Project Team Organization)

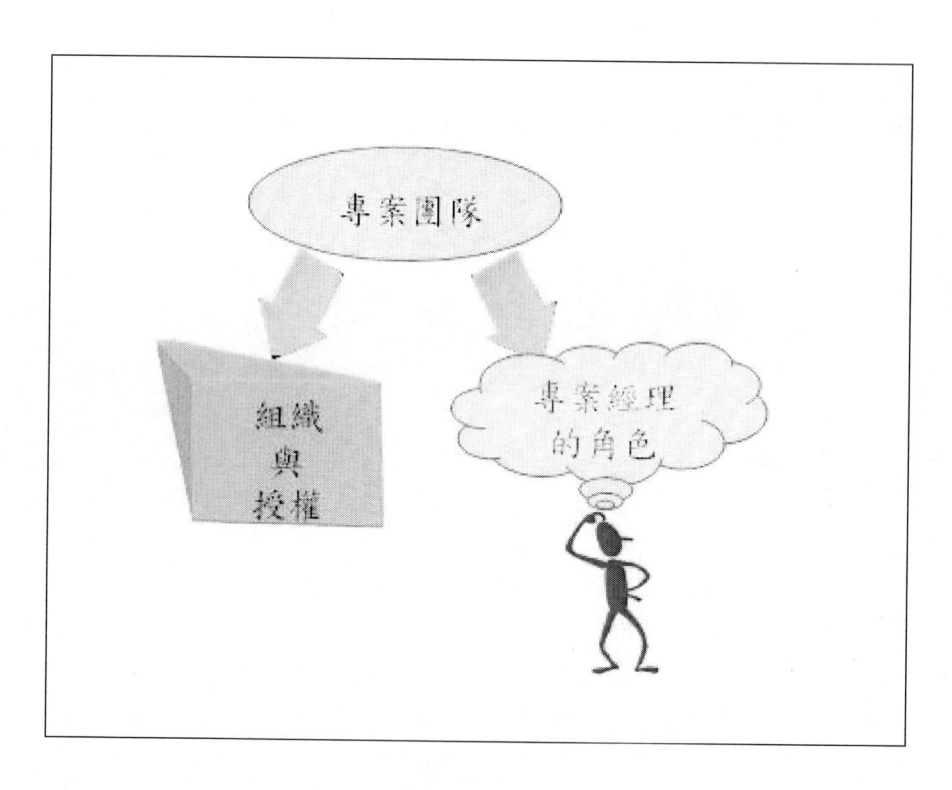

圖 4.1: 專案團隊

　　一個專案團隊的組織，必須要能與原來公司的組織和合共榮，所以無論是人力資源的調整，工作配置，工時預算的付予，都是專案組織必須面對的，其主要解決的問題點就是以下兩個主題：

1. 組織與授權 (Organization and Authorization)
   如何組織一個專案團隊,又能不對公司正常運作產生負面影響。這與人力資源規劃、分工授權、責任的釐清等因素,息息相關。

2. 專案經理的角色 (The role of a Project Manager)
   一個大型專案經理,可能同時擔任公司的高階主管。在專案執行過程中,會使專案經理集權利於一身,如何有效管理,很多時候是個性問題。

4.1 人力資源管理 (The Human Resource Management)

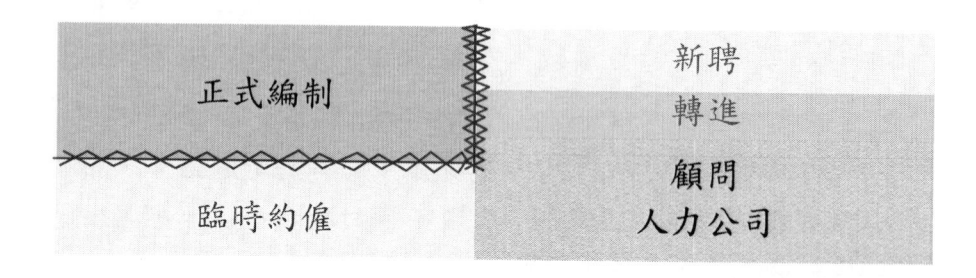

圖 4.2: 人力資源管理

對一個企業而言，專案的人力需求隨著專案的進展而消長，因此人力資源管理的策略，必須有足夠的因應彈性，否則會因為人力調度問題，而導致專案失敗。或是由於專案的青黃不接，導致人力過剩而造成財務風險。

公司的人力資源分配狀況，如圖 4.2所示。通常公司的人力，不會全部是正式編制的成員，常以臨時約僱 (可能是以約聘方式僱用，但不保証每年都會續聘) 的人員補足人力。當然正式編制的員工，應該是公司的關鍵技術人力。所以在專案青黃不接時，公司可以用最小的人力資源規模，渡過危機又能保有關鍵技術。當確定取得新專案後，即可能以新聘方式補充人力，通常試用期為三個月，試用期滿再決定是否續聘。而新聘人員除關鍵技術之難得人才外，經常也是先成為臨時約僱人員，有正式編缺時，才有機會成為正式編制的成員。

除了新聘外，也可以用轉進方式增加人力。公司可能為了因應某些業務，而向其他公司尤其是顧問公司借調人力，約期結束後將人員歸還，如此就沒有人力包袱的問題。也包含轉出，即借人出去。

公司為了因應某些非長久性的專案，可能會借一些人出去、或借一些人進來參與專案。當然這種人力資源的調配方式，對公司的向心力會比較鬆散，因此不適合做高階的分析或設計工作。

另外，還有一些特殊專業的工作，可能委託顧問公司進行，可以降低公司對稀有專業的依賴。或是一些屬於勞力密集的工作，則可委請人力公司找工人，這樣也可以降低這些人力管理成本。當然也有可能是把專案分包出去，就是找到協力廠商，把一些公司的業務外包出去，做完之後這些人力問題，都不需自己解決。

一般大學的畢業專題，人力的問題不像職場上那麼複雜，但是當人力出現問題時，往往很難有效解決。例如有人因故降低參與程度，有人時間總是很難配合，這些問題在職場上比較少見，不是上班的人不會如此，而是倘若這樣上班，通常會工作不保！而畢業專題的伙伴，彼此並沒有太多有效的約束手段，所以這種問題的解決，是人際關係的一大考驗。如果人力問題無法有效解決，為了把不良影響降低，進行「災害控管」是必須的。

4.2 專案的組織型式 (The Project Organizations)

主要組織型態	其他組織型態	專案內部組織型態
⇨ 功能式架構 (Functional) ⇨ 專案式架構 (Project) ⇨ 矩陣式架構 (Matrix)	⇨ 準矩陣式架構 (Quasi-Matrix) ⇨ 共同開發 (Join Venture) ⇨ 緊急應變 (Task Force)	⇨ 民主式組織 (Democratic Team) ⇨ 主程式師組織 (Chief Programmer Team) ⇨ 階層式架構 (Hierarchical Team)

圖 4.3: 專案團隊的組織型態

專案組織可分為內外部，外部組織重視與各專業單位的協調性，內部組織則重視人員之間的協調性。如圖 4.3 所示，外部組織分為：

- 功能式架構：與原來企業的專業單位完全重疊的組織方式。

- 專案式架構：公司沒有自己常設的專業單位。

- 矩陣式架構：公司內專業單位與專案單位並存，複雜度最高，適大型企業同時有多個大型專案。

- 準矩陣式架構：有矩陣式的好處，但無矩陣式架構的複雜。主要是縮編專案單位的規模，以降低管理成本。

- 共同開發：通常是兩套人馬同時進行，通常是為了能技術移轉，或是確保將來運轉時，能順利接管。

4.2.1 功能式組織架構 (Functional Organization)

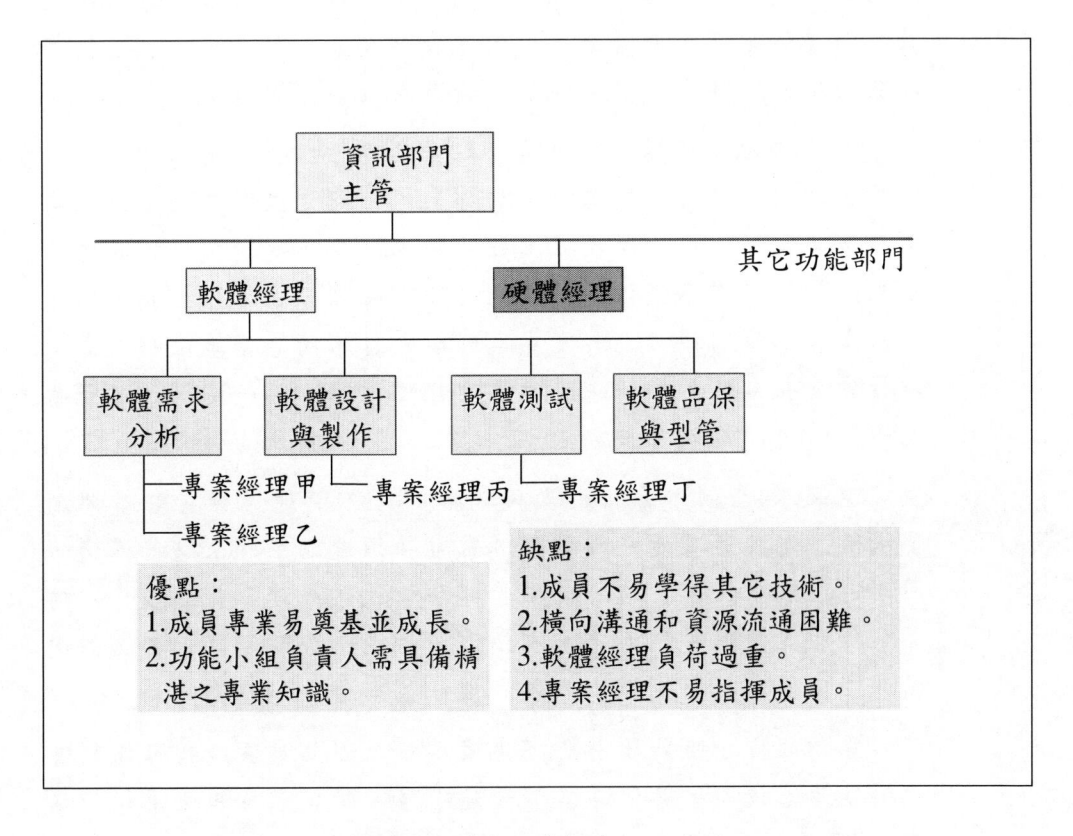

圖 4.4: 功能式組織架構

所謂功能式組織架構 (Functional Organization)，嚴格來說，並沒有專屬的專案組織型式，而是將專案的工作直接分配到公司原來的各個功能性專業單位中。

就圖 4.4 中的範例而言，當取得一個軟體專案之後，假設任何一個軟體開發案最起碼要經過軟體需求分析、軟體設計與製作、軟體測試，還有軟體品質保證與型態管制等四部份工作。原公司組織中的專業單位人員，不因為專案而做建制的調整。

每一專案都有一個專案經理，每一個專案經理可能來自於不同的專業領域。以專案經理甲為例，是來自於軟體需求分析的人員。而專案經理丙則是來自於軟體設計與製作的人員。在不同的專業領域中，找出一個資深的人員來擔任專案經理。

　　功能式組織架構的優點是可以累積專業經驗，因為即使是不同專案的同一部份專業工作，仍都由同一群人做，這樣可以迅速累積其專業技術能量。而且工作效果不好時，知道該找誰負責。缺點是分析的人不懂設計，彼此之間有隔閡，如本位主義，因此橫向溝通比較困難。尤其當專案經理來自不同專業單位時，專案成員會夾在自己的單位主管與專案經理之間，萬一這兩位主管意見不一時，問題就會被放大！

　　以圖4.4為例，分析的人與設計的人，溝通常會有許多問題要澄清，尤其涉及責任歸屬時，常常必須透過主管來進行溝通，因此造成效率降低，這將使主管部門的軟體經理負荷過重。任何專案所涉之四個單位人員，有任何糾紛或整合問題時，都必須透過部門主管來進行協調，軟體經理往往內憂外患不斷。

　　專案經理也可能不易指揮專案成員，因為專案經理可能只有一項專精的技術，其他專業都只是略懂，所以來自其他單位的專業人員，可能更服從其單位主管，而較可能忽略專案經理的要求。當然主管間也可能因為競爭主導權，而產生緊張的組織氣氛。

4.2.2 專案式組織架構 (Project Organization)

```
                          軟體經理
        ┌──────────┬──────────┼──────────┬──────────┐
     專案經理      專案經理      專案經理      軟體品保
       甲           乙           丙         與型管
              ┌──────┼──────┐
           軟體需求  軟體設計  軟體測試
            分析    與製作
```

優點：
1.專案經理可以完全控制成員
2.專案成功率提昇

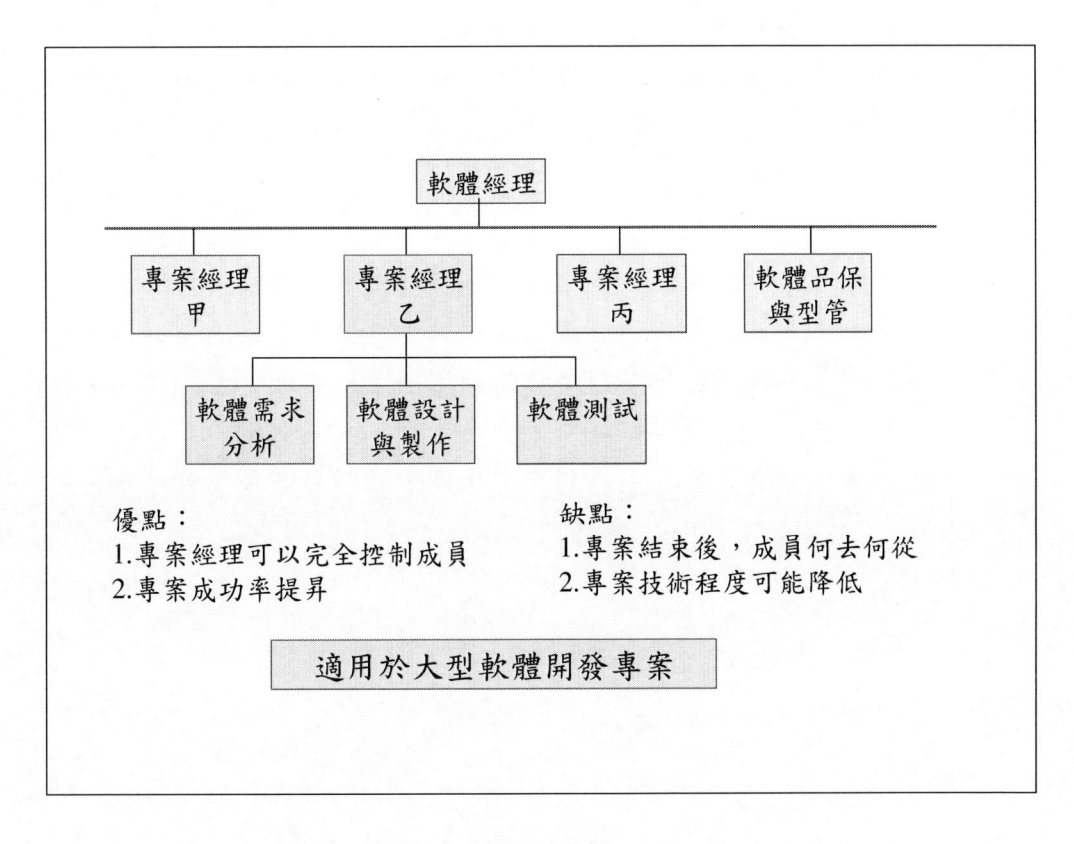

缺點：
1.專案結束後，成員何去何從
2.專案技術程度可能降低

適用於大型軟體開發專案

圖 4.5: 專案式組織架構

　　專案式組織架構 (Project Organization) 與前面的功能式組織架構，在精神上剛好完全相反。公司沒有常態的專業編制，因此所有的分工方式，完全依照一個專案的需要做組織編制上的設計。所以通常是需要執行超過十年，甚至更久時間的非常大型專案，好像是公司與專案密不可分的樣子。就像現在的一些 BOT(Build-Operate-Transfer：可參考本章的問題與討論) 案，都是這類型的專案。如果不是長久性的大型專案，這種組織方式，會使公司在專案結束後，面臨較為嚴重的人力資源管理問題。

專案式組織架構的優點，專案經理可以完全控制成員，因為專案經理是專案成員的唯一主要主管。事權的統一，可以降低橫向溝通成本，提昇專案成功率。缺點是專案結束後，人力資源的管理問題難以控制。因為沒有專業單位，所以技術能量無法有效累積，專業技術程度不能深化，可能失去專精程度，會降低公司的競爭力。或是沒有新的專案時，這些成員可能閒置，而造成公司的資源浪費。

　　當然如果是非常大型的專案，例如近來臺灣高速鐵路的營建案，則採用專式組織方式，可能是一個很有效率的組織方式。因為高速鐵在執行單位的管理期間，最少有五十年以上的期程，公司的專業單位可以與專案單位完全重疊。換言之，為了這個專案設立一家公司，如此執行效率會非常好，而且也不怕專業技術無法累積的問題。事實上，在幾十年當中，該專案都不會結束！

4.2.3 矩陣式組織架構 (Matrix Organization)

```
                            軟體經理
    ┌───────────┬───────────┬───────────┬───────────┐
  專案管理    軟體需求    軟體設計    軟體測試    軟體品保
              分析        與製作                  與型管
    ├─ 專案經理甲
    ├─ 專案經理乙
    └─ 專案經理丙
```

優點：
1. 專案結束後，成員易轉移。
2. 決策易貫徹，協調性提昇。
3. 易獲得資深工程師之技術之援。
4. 豐富工作變化，提昇成員之技術。
5. 可避免重複之技術投資。

缺點：
1. 需要額外的管理功能。
2. 成員需面對多重之報告系統。
3. 部門主管和專案經理權力衝突。

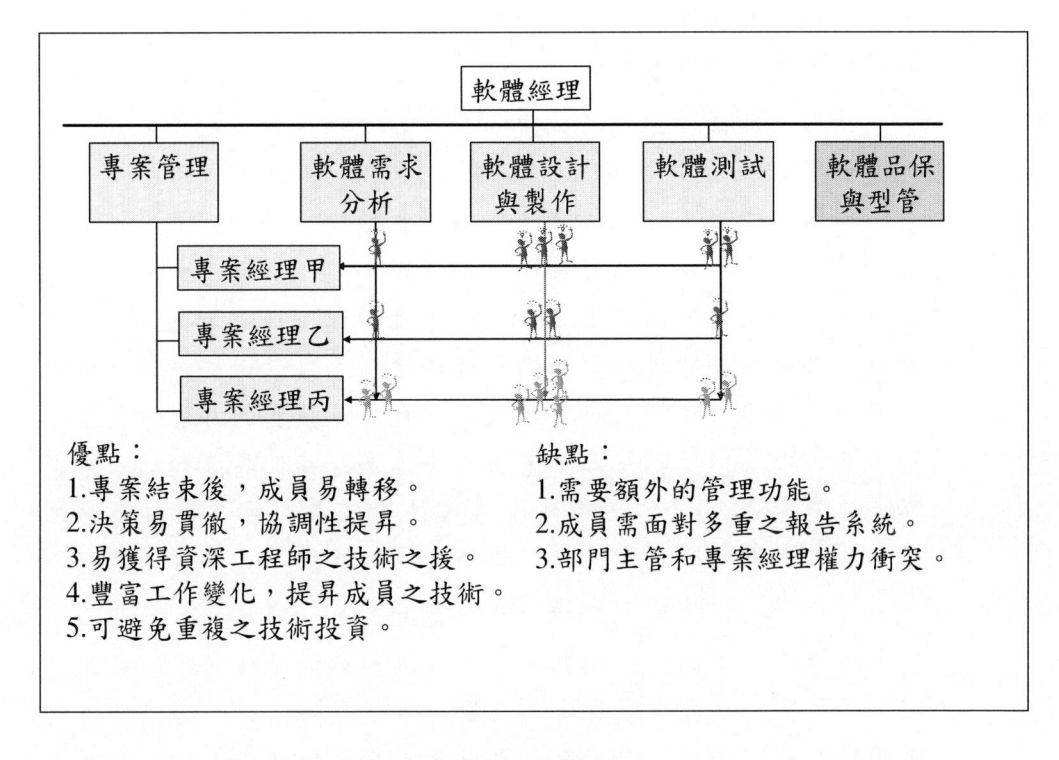

圖 4.6: 矩陣式組織架構

　　矩陣式組織架構 (Matrix Organization) 是一個龐大的組織，當一個規模很大的企業，同時執行多個大型專案 (通常指經費超過台幣數億元之專案) 時，就非常適合用矩陣式組織方式，來編制一個專案團隊，中山科學研究院就是一個很典型的矩陣式組織。責任劃分的非常清楚，各種技術有其專門的專業單位負責，例如有單位專門做軟體需求分析，有單位專門做軟體設計與製作，…等。

每個專案有其專屬的專案單位(有時稱為專案計畫室)，有辦公室及其專屬之行政人員，而專案單位裡面的專業人員，則是來自於不同的專業單位。當專案結束後，從專業單位來的人員，會歸還到其所屬的專業單位。

矩陣式組織架構的優點是，專案結束後，成員容易轉移，人力資源管理比較容易落實。因為人員會歸還到其所屬之專業單位，準備繼續做下一個專案，所以人員閒置的問題，可以由專業單位處理。專案單位則有其獨立的資源，因此專案的領導決策容易貫徹，跨單位的協調性在較強的專案管理主導下，也比較容易完成，也比較可能獲得資深工程師之技術支援。由於跨單位可以做較為緊密的整合，使得專案成員不再只是接觸到自己專業單位的同事，還可以認識其他專業的同事，獲得其他專業知識，可以豐富成員之工作變化，提昇成員之技術能量，專業能力累積方便。可避免重複之技術投資，因為公司有各種專業單位的技術人力。

矩陣式組織架構的缺點，由於需要額外的管理功能，編制過大，成本很高。專案成員常需面對多重之報告系統，必須面對功能部門主管與專案經理，容易出現多頭馬車的領導衝突。尤其是功能部門主管和專案經理的權力衝突，可能會被加強。主管太多是矩陣式組織的一個缺點，如果在權力結構、人事權及資源分配權上，沒有制度化到一定的透明度，很容易為公司帶來許多不必要的人事問題。

4.2.4 準矩陣式組織架構 (Quasi-Matrix Organization)

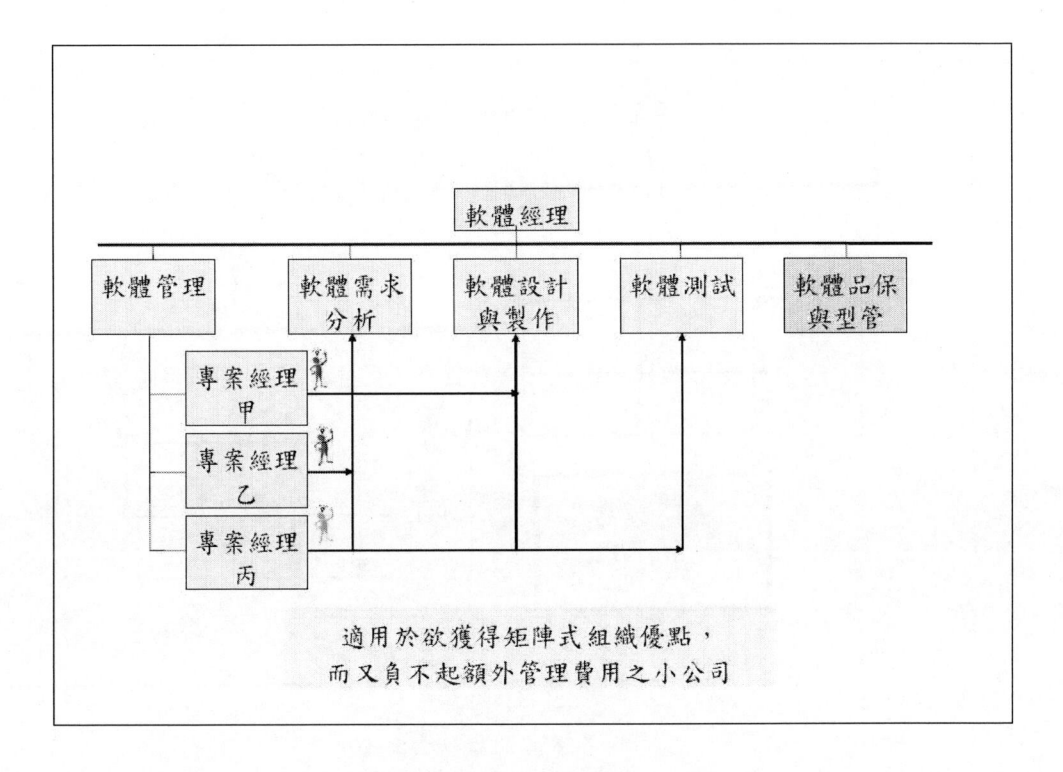

圖 4.7: 準矩陣式組織架構

　　準矩陣式組織架構 (Quasi-Matrix Organization)，有矩陣式的專業及專案編制，而且專業組織也一樣的分工清楚，但是專案編制則採專案聯合辦公室的概念。這樣可以降低管理成本，適合較小型的企業，或是規模不大的專案，但又可有矩陣式組織的好處。

　　當有專案起來時，專案團隊仍然從專業組織中調人，但這些專業人員並沒有被集中在一起，而是專案經理以周遊列國的方式，例如要做需求分析時，專案經理就到需求分析單位帶一批人做分析；要做設計時，到設計單位帶另一批人做設計，…以此類推。當然這樣會使專案經理工作壓力變得很大。

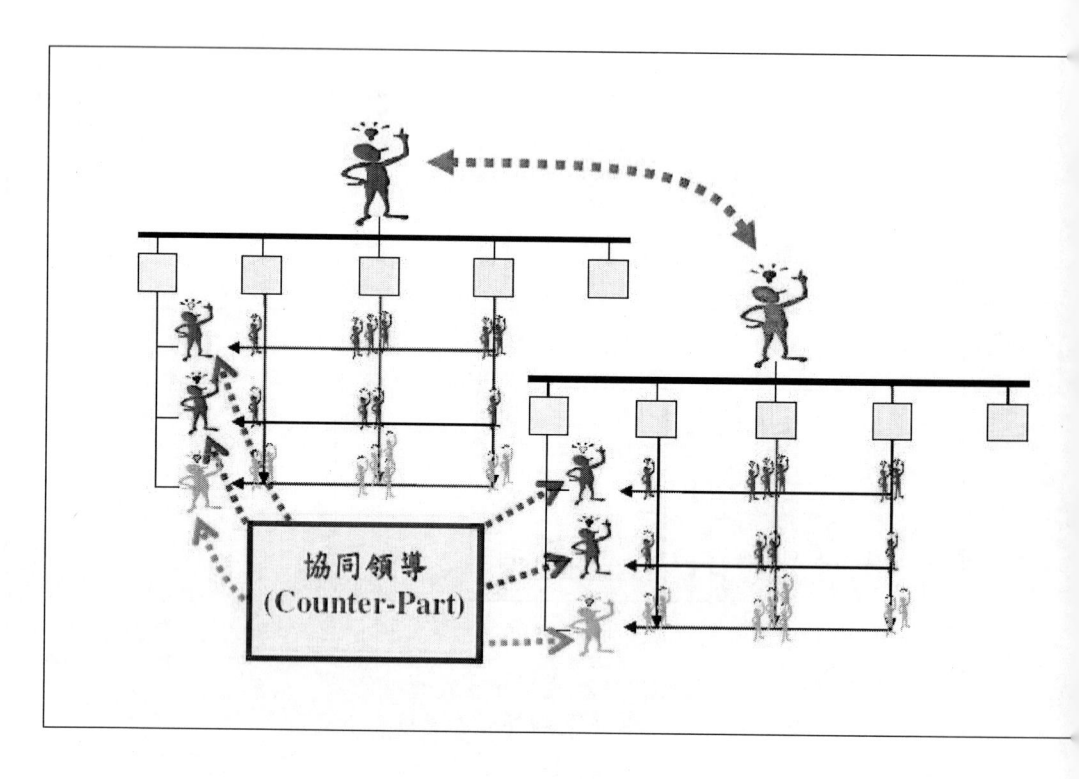

圖 4.8: 合作開發組織模式

　　準矩陣式組織方式的優點，可以減低人員的複雜度，尤其是主管的數量。能避免一個公司出現兩種勢力，可以節省管理及人力成本。缺點是專案經理負荷很重，除了沒有專屬的行政支援外，還必須負責傳承技術及跨單位的溝通協調。

　　其他的專案組織型式，合作開發型式 (Join Venture)，這通常是針對大型高技術門檻之專案，例如武器系統開發案、高速鐵路案、捷運系統、…等等。由於需要外來的技術支援，為了技術轉移所進行的專案組織方式。

通常各自應該都是矩陣式組織，但同一個專案同時有兩個團隊執行專案，當然有一方是為了學習新技術，或準備將來接管營運的團隊。圖 4.8是一種合作開發型式可能的組織運作模式。

緊急應變小組 (Task Force)，是為了處理緊急事故的編制。平常成員各自都有自己的專業崗位，緊急事故發生時，按照專業需要被組織起來應變。這種屬於虛擬的組織方式，平常必須演練其處理程序，才可能在需要時發揮功能。其組織模式必須符合下列四項原則，

- 指揮系統必須統一，而且只有一個指揮的人。

- 組織必須扁平，編制必須跨專業。

- 打破原有的報告系統、直接向總指揮報告。

- 所有的命令必須被優先處理。

4.2.5 專案內部組織 (Project Team Organization)

民主式組織 (Democratic Team)

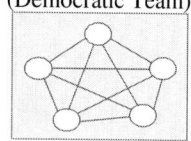

觀念來自於 "無私的程式設計"，(egoless programming, weinberg 1971)。
⇨ 民主式和無私式之差別在於民主式組織中有一成員被任命為專案經理，負責針對當成員無共識時作出決策。
⇨ 優點：提高成員參與感、成就感。
⇨ 缺點：溝通太多，無責任感。
⇨ 適於困難度高之專案。

主程式師組織 (Chief Programmer Team)

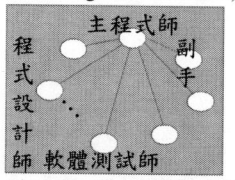

觀念由 **Harlan Mills** 提出，由 **Baker** 於 1972年發揚光大大；又稱外科醫生式組織。
⇨ 優點：決策集中、溝通減少、分工清楚。
⇨ 缺點：其他成員成就感低，且專案成敗繫於主程式師一人的技術和管理能力。
⇨ 適用於組織內只有一資深工程師，而其他為資淺者。另亦適用於高機密性軟體之開發。

階層式組織 (Hierarchical Team)

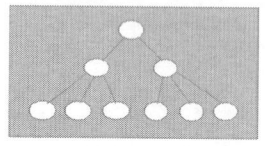

⇨ 優點：溝通減少
⇨ 缺點：一流技術人員升至上層主管卻可能不稱職
⇨ 適用於階層式軟體系統之開發，因每個子系統可分給一個階層式小組負責

圖 4.9: 專案內部組織

專案在執行期間，都是分成數個小組進行，每個小組如何合作，稱為專案內部組織，常見的方式有三種：

1. 民主式組織 (Democratic)
   適用於需要創造力的組織，例如廣告設計、宣傳設計、…等。強力的領導會抹殺創意，有民主才有創意，但前提必須要有交換意見的制度 (平台)，及整合創意的模式。

2. 主程式師組織 (Chief Programmer Team)
   是一種集權式組織，分工清楚。主程式師 (我們常稱為「組長」) 須擁有較高的專業能力，可以指揮成員去做事。比較有效率，沒有溝通上的問題。

3. 階層式組織 (Hierarchical Team)
   因為專案內部工作的執行，必須深入每一個細節，進行地毯式的檢討 (Peer Review)。如果一個小組人員太多時，將組長的角色分散，以減輕其負擔，例如增設小組長。當然這也可能使得專案的溝通成本增加，內部介面變多，有降低執行力的風險。

資訊系統開發案，其內部組織方式，比較適合後兩種模式。因為當資訊系統需求分析完成，系統規格確定後，就不是創意工作，而是一種工程行為。細節與邏輯是資訊系統開發案，最重要的兩項元素，任何一樣不能確保，專案成果必然無法令人滿意。所以如果採取較為民主式的合作模式，幾乎不可能成功。

除非是把資訊系統開發案，分割成極小之專案，而每個專案由一個人負責，那所有人就可以用民主方式組合。但是介面的標準化，就變成是非常重要的議題。現在開放軟體 (Open Source) 系統的發展模式，即以類似的模式組織其參與者。

4.3 專案經理的角色 (The Role of Project Manager)

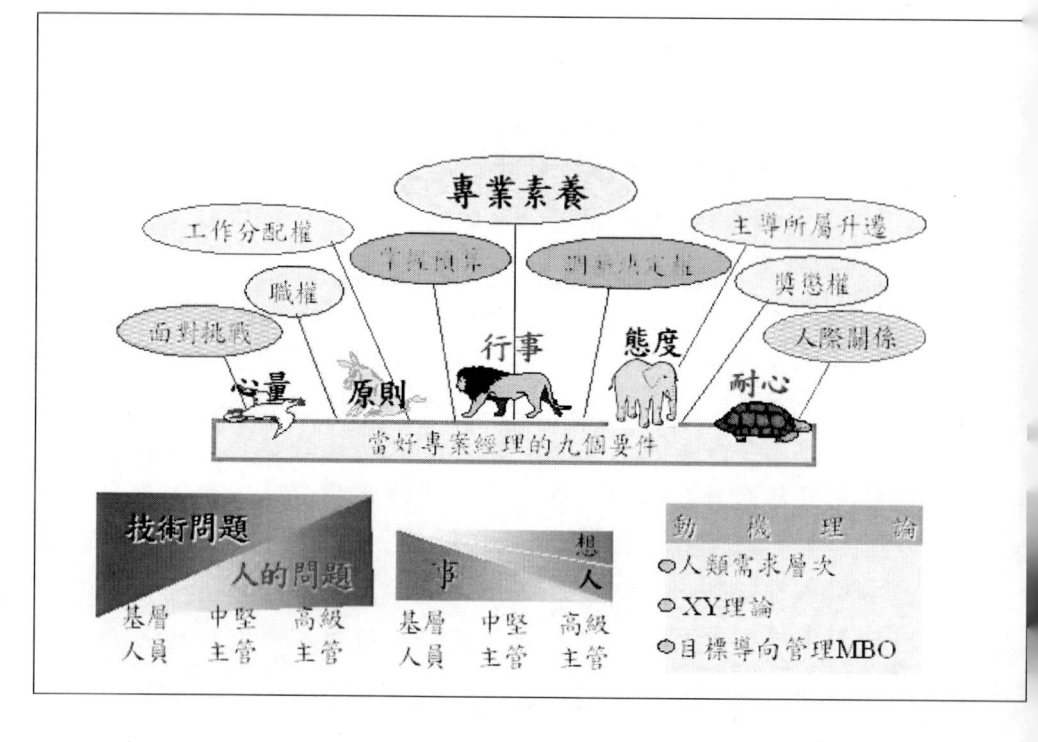

圖 4.10: 專案經理的角色

一個成功的專案經理人應該有的個人特質，必須要有以下幾點：

1. 心量：要像鴿子，海潤天空，有彈性，不固執，與人和睦。

2. 原則：要像驢子，堅持做對的事。堅持與抗爭是不同的。

3. 行事：要像獅子，重視團隊，有決心，要有達成目標的力量。

4. 態度：要像大象，穩重，可靠，不顛三倒四，沒有侵略性。

5. 耐心：要像烏龜，能屈能伸，有韌性。

此外，專案經理的領導及執行力，須由九個基本要件構成：專業素養／人際關係／面對挑戰／職權／工作分配權／掌握預算／主導所屬升遷／調薪決定權／獎懲權，以上九項條件，並不是全部都會具備，彼此有所消長，隨時間變化。基本上，越高階的專案經理，越需要人際溝通技巧，越基層的專案經理，則需要較多的專業能力。

當然主管的角色，會隨著位階的不同，而角色會有不同。也許個人的本性比較不會有太大的變化，但心中的管理哲學，則應隨著時間及位階的不同，而做適當的調整。基本上，專案團隊剛成軍時，有一段磨合期，管理學上稱為風暴期，這時候必須積極的建立各種標準作業程序 (Standard Operation Procedure — SOP)，所以這時期的組織氣氛應該是比較「X」一點，即需要有比較多的規則來約束專案的進行。隨著成員的熟悉度增加，專案工作的了解，專案經理應該已經掌握各項要件，所以在有效的領導已建立的狀況下，應該採取信任授權，目標導向管理的方式，讓組織氣氛越來越「Y」。所謂「X」理論是指人員較為背動，必須法制來督促，才能有表現。「Y」理論是指人員較為主動，只要給予尊重授權，就會很有表現。

一個專案經理應該不可能擁有上述所有條件，所以說一個成功的專案領導者，必須能完全掌握自己所有的條件，以長補短，將專案進行過程完全的掌握。

4.4 本章總結 (Chapter Summary)

本章主要是說明一個專案完成嚴謹的發展規劃後，如何組織專案團隊，從承包廠商原有人力資源，以及公司組織架構，還有執行專案的角度，不同規模的專案應有不同的組織方式考量。

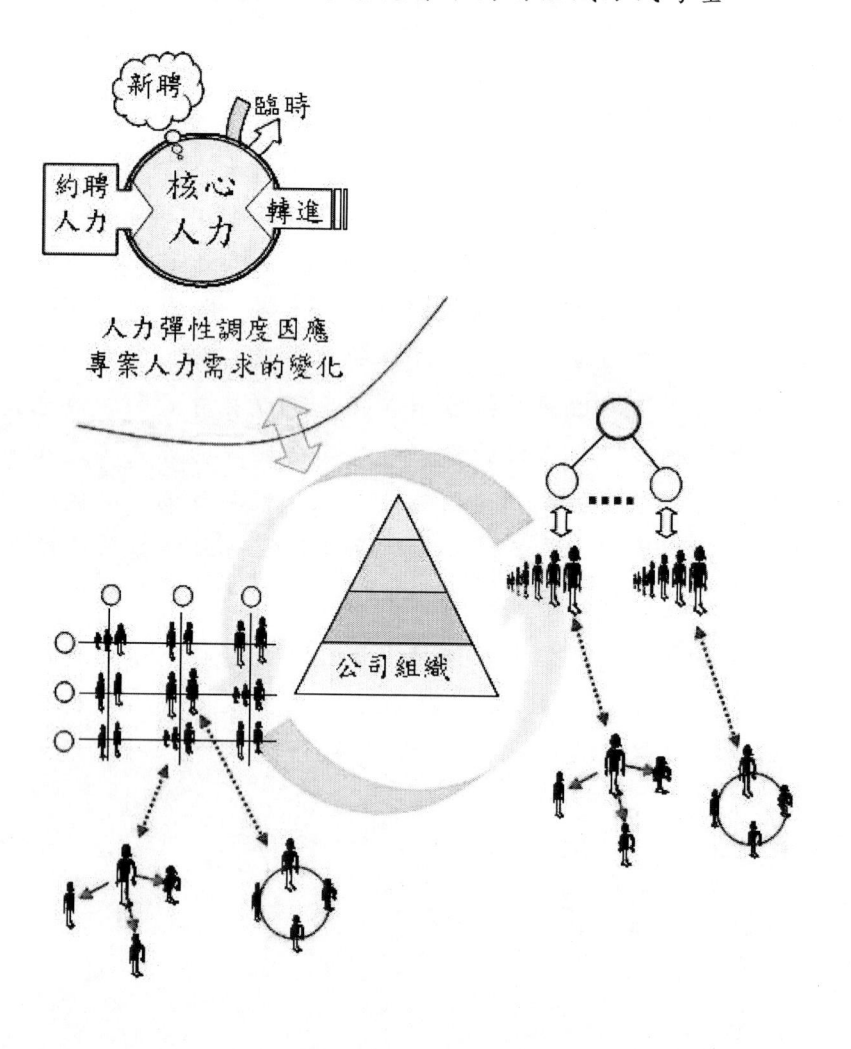

圖 4.11: 專案人力資源之組織管理

專案經理必須在專案管理與公司營運間，創造溝通管道，讓專案的執行與公司的營運能互相配合。因此對不同規模之專案，其組織方式應該有所抉擇，專案內部不同工作項目之執行小組，也應有不同之工作模式。而這些因專案所做的各種變化，不論是人力資源，或是組織制度等，都必須在公司內部得到授權，還有充分的資源配合，唯有如此專案才有可能順利完成。

進階參考資料 (Recommended Reading)

1. John Wily & Sons, Inc. 出版的管理學，「J. R. Schermerhorn, JR., "Management"」。

2. John Wily & Sons, Inc. 出版的專案管理，「M. D. Rosenau, Jr., "Successful Project Management — A Step-by-Step Approach with Practical Examples"」。

3. McGraw-Hill 出版的專案管理，「C. L. Gray, E. W. Larson, "Project Management — The Managerial Process"」。

案例研討：組織合作問題

請學生將畢業專題執行過程中，所遇到之分工合作問題，列舉出來。並提出解決之道，其中最重要的部份，必須說明自己如何配合調整，以降低問題的衝擊性。另外，根據專題的經驗，提出一套有效的小組開會及溝通討論模式。

問題與討論

Q：若自己是專案管理者，一切按部就班的進行，專案進到某個階段，因為上層的主管老闆的介入或私人的利益而要求更改或取消專案，竟果自己按照上級只是就會同流合污，還是要終於自己的專業而走人，該如何抉擇？

A：寧可失業也不願接這個專案，良禽擇木而棲，不義之財不能要，一毛錢都不以拿，不要為了蠅頭小利而做對不起良心的事！如果發生了違背道德的事，就要趕快離開，不要讓自己捲入是非當中，到最後搞不好還關進監獄裡。

職場上有兩件事情絕對不能做：

(a) 不義之財才不能要，有命拿沒命花。

(b) 不屬於自己的愛不強求，誹聞毀一生。

Q：以笑傲江湖這部武俠小說當中之人物為例，經理人如下：令狐沖，豪放不羈、個性浮動，屬於開朗活潑型；左冷禪，城府極深、個性深沉，屬於不苟言笑型；東方不敗，行事詭異、個性奇特，屬於特立獨行型；岳不群，行事飄忽、個性狡獪，屬於偽君子型。我們該用什麼樣的態度去面對？

A：武俠小說裡的人物描述，為了強調情境效果，大都過於奇特，因此不能直接拿到現實中比照。大部分的主管，屬於這四種人裡面的兩種。左冷禪的形容詞就是經理人的特性；另外一種，是岳不群，也是屬於領導者。無論是面對那一種主管，把自己的工作做好最重要，讓自己無懈可擊。工作做好，既培養自己的不可取代性，自己又可立於不敗之地，把問題回歸到自己能完全掌握的自己身上。

令狐沖絕對不會是個經理，也不會是個領導者，任何一個單位被分配這種主管鐵死無疑，除非他有很好的人輔佐，又很授權，那也許會很好；東方不敗不可能當經理，因為做大事的人必須要有一群人，像這種人是不可能有什麼大的行動基礎，成不了什麼氣候。城府極深、個性深沉不見得是個壞蛋，也可能是比較深思熟慮，有可能是個很好的人。

Q：剛出社會的新鮮人，有什麼方法來訓練自己具備專案管理人的條件呢？

A：三個方法，第一個是專業，第二個是專業，第三個還是專業。如果有專業技術的話，那就很有可能會出頭。如果什麼都沒有的話，就只能任人支配了。

Q：當上主管之後要如何帶人才可以讓部屬服從？如何在上任的時候就訂下一些規矩，但是又不會遭到屬下的反彈？

A：主管是什麼？講再多其實還是不懂，只有等自己當上主管之後才會知道。當主管的專業能力要夠好，什麼都不懂就想要去當主管，會當得很累，很快被換掉。如果是新上任當主管，有三個原則：

(a) 先弄清楚生態：
如果是空降的主管，千萬不要一進去時就三把火，把所有人都燒死，對自己並沒有好處。

(b) 把意見領袖找出來：
把這個地方受歡迎的人找出來，但這個人不見得是主管。

(c) 把石頭找出來：
搞清楚誰是石頭，找出來之後不見得要搬開。因為他可能是一塊玉石。

約法三章是有必要的，但是約法三章的場合很重要。約法三章最重要的就是自己也要遵守，在企業裡面就稱為民主專制。但專制中也很民主，既然自己訂的規矩，自己也要遵守。所以訂的規矩就不能太不人性化，這樣訂出來的規矩大家才會遵守，才會尊重。

Q：一個專案經理除了協調團隊成員之外，管理者還需要做些什麼以維持團隊合作默契？

A：有專案經理需要具備以下特色：

(a) 關鍵技術之專業能力強，才能與 Prime Group 成員直接溝通。

(b) 與單位主管的關係要好，這樣才能取得較多資源。

(c) 認識同事的家人，也讓同事的家人相互認識，這可以營造好的團隊文化，減少很多不必要的誤會。

Q：專題開會時會遲到，甚至討論時因意見不合吵起來。如何做好溝通與衝突管理呢？

A：有兩個原則

(a) 不要坦護任何人或任何一方：
要對事不對人，否則只會加深爭執。在專題一剛開始，大家都還不錯的情況下，就先訂立一個所有組員都要遵守的制度。例如開會時要簽到簽退，並交給指導老師審閱。

(b) 爭執嚴重的問題別想立刻解決：
因為馬上解決不見得就會比較好，等過了那個爭執的情境，大家冷靜一點之後，再想辦法解決，或私下分別勸說，避開面子問題，這樣會比較容易解決衝突。

另外，人與人之間的爭執，應該把握以下四點：

(a) 不要固執：
愈固執就愈硬，愈硬就愈打得大。一團棉花在那裡打下去沒有感覺，但一顆石頭在那裡，打下去對方痛你也痛。要有點彈性。

(b) 要有原則。

(c) 要搞清楚時間和地點：
要避開不對的時間和地點來解決問題，通常有一個壞習慣就是打破沙鍋問到底，這樣很不好。

(d) 別急：
解決衝突最迅速有效的方法就是別急。一急就慢了。

Q：如果一個專案會失敗，有很多都是因為團隊的合作出了問題。請問一個專案經理人應該如何成功的領導團隊？要如何促進團隊之間的溝通良好的互動？

A：要當一個成功的專案經理人，有四個建議：

(a) 良好的專業能力與技術：
因為專案經理人是在前面打戰的，所以一個稱職的專案經理人，一定要有非常好的專業能力。只要專案一有問題，就能馬上想出一堆方法去解決這些問題，才能進行有效的領導。

(b) 要不固執，知錯能改，但要有原則及規劃能力：
千萬別把原則訂死而窒礙難行。通常固執和規劃能力有關，愈固執的人眼界就愈小，有錯不能改，規劃能力也愈差；但沒有原則的人，優柔寡斷，執行力也不好。

(c) 要有仲裁力：
當有爭議時，專案經理人一定要有能力仲裁。而一個專案經理人的仲裁能力，來自於他的專業能力，加上不固

執但有原則的個性。專業強的專案經理人，可以找到較統合的概念，整合大家的觀念，比較不會靠邊站。

(d) 人緣要好：
一個專案經理人的人緣一定要好，只要專案經理人有原則，搞清楚自己的基準線在那裡，並適時的讓大家知道，這樣互動起來就會很舒服，相對的也會提升人緣。

Q：有三種人：一種人是積極有衝勁，常提出自己的意見和看法，勇於創新，但有時不太能夠按照管理者的要求來做事；第二種人是保守而安於現狀的工作，不嘗試學習新的東西，但可以按照管理者的吩咐把他該做的事做好，第三種人是能夠按照管理者的吩咐去做事，也願意嘗試學習新的事務，但是學習能力較差，沒有辦法做好管理者吩咐的每一件事，若這三種人同時出現在團隊中時，您希望這三種人所佔的比例是多少較好？

A：假設要十個人，要兩個第一種人，因為這兩個人可以動腦，或許可以提出更棒的意見，所以我希望這兩個人能永遠的與我共事；八個第二種人，因為這八個人只要是符合自己專長的事，就可以做得很好；第三種人一個都不要，因為他可能只會領薪水，其他什麼事都做不好。

Q：什麼樣的人應該具備什麼樣的條件，才適合接受專案管理的訓練？

A：只要是人都可以接受專案管理的訓練，但是有四種人不行：

(a) 眼高手低的人：
只會把事情想的很完美，但是請他做，卻什麼都做不好。

(b) 偷懶的人：
只會用盡各種理由善待自己，偷懶的人不可以。

(c) 不合群的人：
當主管絕對不可以不合群，否則部屬怎麼會有向心力呢！

(d) 不負責任的人：
當主管不負責任，其部屬就不能安心工作，隨時會有災難臨頭！

Q：如何物盡其用人盡其才？怎麼提升人員的素質？如何提升內部人員的溝通能力？公司如何遣散員工？員工如何自保？

A：

(a) 事先規劃好：
這樣比較能物盡其用人盡其才。就像有的人賺了很多錢，但還是存不了錢。檢討過去想未來，目的是要知道現在要做什麼。

(b) 訓練：
多訓練，把公司變成一個學習型的組織，不停的學習動力，可以增加組織的活力、創造力、生產力。

(c) 制度化：
制度化可以擺脫很多不必要的溝通問題，溝通也可以有效的進行，減少溝通成本。

(d) 給遣散費：
公司會遣散員工，通常都是因為經營方向改了，或業績萎縮…。正常狀況下會有一筆遣散費。不正常的話會以各種方式把人逼走，最嚴重是宣布倒閉。

(e) 建立自己的專業權威：
專業是最重要的保障，這樣才有辦法再找其他的工作。

Q：當一個部門主管的領導者，如果觀念民主，覺得人人平等，應該要尊重個人個性，但這樣的情形會有什麼樣的問題？

A：會領導不了一個團隊。尤其是在私人公司裡面，民主是一個全世界最沒有效率的方式。如果你是一個主管，覺得全世界每個人都要公平的話，每件事都要用投票的，是不可能當好一個主管的。因為有太多事不能用民主的方式解決，例如問大家加薪好不好？大家一定都說好。所以必須建立一個制度，建立一套共同的文化價值觀或信仰，讓每個人來遵守及信仰。而不是什麼都要投票表決，才是尊重，才是人性化管理。

Q：專題進行中如果團隊遇到挫敗，造成團隊士氣低落，應該如何提振團隊士氣？

A：三個建議

(a) 提出解決之道。

如果提不出來，就不能當管理人。管理者要想好解決之道，提出一個有效的解決辦法，就能讓士氣回來。

(b) 管理者永遠要準備好一件事，就是如果沒做好該怎麼辦！

事先想好退路，萬一事情不如預期的時才有辦法，不是等到事情發生的時候才跳腳，一定要事先想好應變的策略及程序。

(c) 領導者對於最低的底線是什麼，一定要能夠標示的清楚。

最低的底線就是成功的基本要件，就像畢業專題，應該列基本型、展示型、豪華型三種版本。

基本型這就是底線，組長很早就該把基本型定下來，想盡辦法要求所有人做到底線，接下來就可以放鬆胸有成竹了。但是鼓勵大家一定做到展示型，萬一沒有做出來，至少還有基本功。因此基本功是不能妥協的，底線是什麼要講清楚，讓所有人有個明確的目標，就可以期待大家做的更好。

Q： 有關 BOT 的專案，其執行方式為何？有其他類似方式嗎？
A：所謂 BOT 是指：興建-營運-移轉(Build-Operate-Transfer)三個專案階段。原指民間機構自政府取得興建公共建設之「特許權」，並自籌資金進行興建，俟專案完成後，取得一段時間之經營權，再將該公共建設的資產及經營權移轉給政府。臺灣高速鐵路專案與英法海底隧道專案，是其中很具代表性的專案。其他類似的專案執行模式還有，BTO：建設-移轉-營運（Build-Transfer-Operate），例如企業家的大型捐贈建設。ROT：整建-營運-移轉（Rehabilitate-Operate-Transfer），例如台灣的眷村改建。OT：委託經營，或稱公辦民營（Operate and Transfer）。BOO：自建-自有-自營（Build-Own-Operate），由政府獎勵投資之重點產業項目。

練習題

1. 一個組織的人力資源結構中，最核心的成份是 [A 顧問人力 B 正式編制人力 C 臨時約聘 D 新聘人力]。

2. 專案組織是 [A 永久性組織 B 隨專案始末而聚散 C 與公司組織無關]。

3. 正常狀況下，何種專案組織方式，其管理成本最高 [A 功能式組織 B 專案式組織 C 矩陣式組織 D 準矩陣式組織]。

4. 那一種專案組織方式專案經理最累 [A 功能式組織 B 專案式組織 C 矩陣式組織 D 準矩陣式組織]。

5. 極大型專案最適合何種組織方式 [A 功能式組織 B 專案式組織 C 矩陣式組織 D 準矩陣式組織]。

6. 那一種專案組織方式最節省管理成本 [A 功能式組織 B 專案式組織 C 矩陣式組織 D 準矩陣式組織]。

7. 台灣高速鐵公司是一個典型的 [A 功能式組織 B 專案式組織 C 矩陣式組織 D 準矩陣式組織]。

8. 大型資訊系統開發案較不適合用那一種專案內部組織方式 [A 民主式組織 B 主程式師式組織 C 階層式組織]。

9. 大型公共工程開發案，如果採 BOT 方式興建，則主要資金來源是 [A 招標之政府單位 B 民間企業與政府合資 C 得標之民間企業 D 兩者皆可能]。

1	2	3	4	5	6	7	8	9
B	B	C	D	B	A	B	A	C

第五章

專案發展控制

專案發展控制
(Project Progress Monitoring)

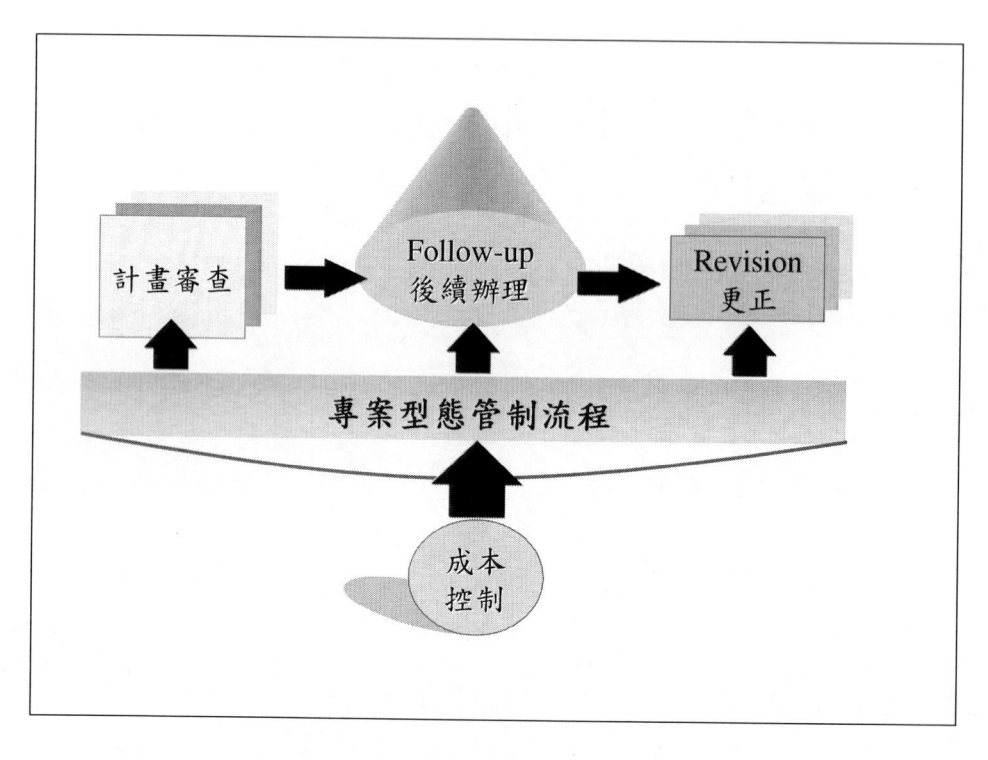

圖 5.1: 專案控管概念圖

　　專案進行當中，透過工作日誌，每日的工作會報，每週的主管檢討會報，還有最重要的專案審查會議。對專案進行徹底的狀況掌握，所有的會議結論，都必須產生待辦事項表(Action Item List)，載明何事、何人負責、對象、何時完成、如何處理等資訊。每次工作檢討會議都必須優先討論上次執行狀況。

所有的異動都必須透過型態管制流程進行，才不會讓專案構型 (Project Configuration) 失控。專案型態管制是專案發展過程當中，最重要的一件事。型態管制良好的話，可以降低重製 (Rework) 的成本，提升利潤。良好的型態管制過程，必須要有三項要點來配合：

1. 嚴謹的計畫審查 (Reviews)：詳如附錄。
   以軟體發展為例，從需求分析開始，要做需求分析審查、初步設計審查、…、一直到軟硬體設計審查，將審查後所得到的問題一一記錄下來。

2. 鍥而不捨的後續辦理 (Follow-up)：
   透過應注意項目 (Checklist)，說明該項目何時完成、由誰負責、要完成什麼…等，一剛開始要制定好這些重要的項目。

3. 嚴謹的更正程序 (Revision)：
   更正時必須透過組織嚴謹的「型態管制委員會 (Configuration Control Board - CCB)」審議通過，才能為之。型態管制委員會，可能是由客戶、系統開發者、品保人員…等，組織而成。審議更正提案時，要考慮是否需要更正、是否影響其他功能、客戶是否追加成本…等。若確定要更正，則所有關涉到的部份都要更正，包括相關軟硬體及文件。當更正完畢時，還要再檢查是否已經全部更正完成。

5.1 專案之控制方法 (The Methods of Project Control)

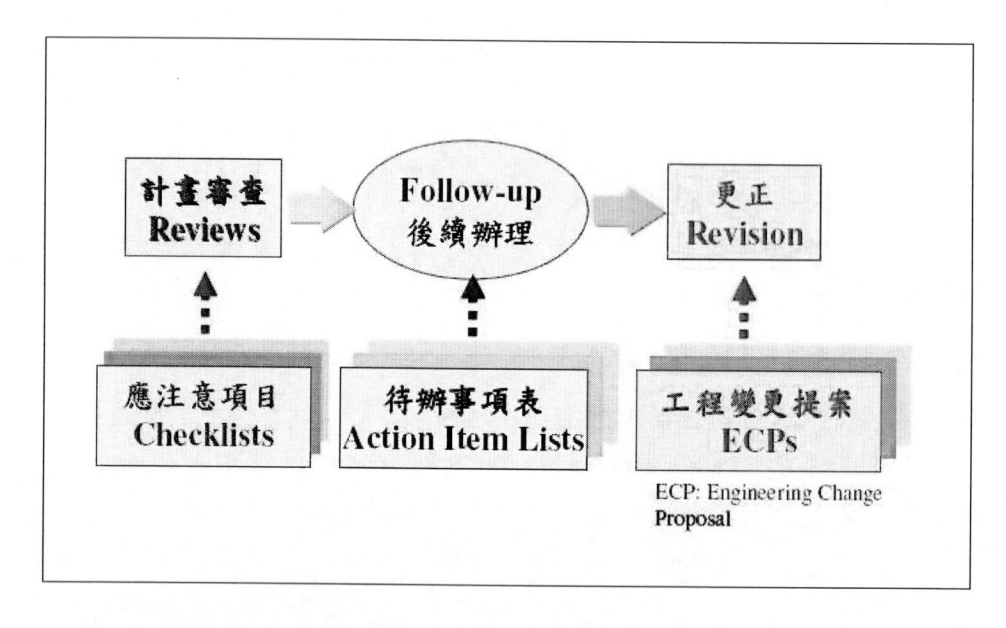

圖 5.2: 專案發展控制

5.1.1 各階段之應注意項目 (Checklists of Development Stages)

事實上，無論何種類型之專案，發展過程中都應該把每階段之重要「應注意項目 (Checklists)」列出來，如此方便隨時檢討控制其執行狀況。這是專案控管很重要的部份，審核項目應該包括那些對象，與專案開發經驗息息相關。因此我們也可以將應注意項目的掌握能力，視為專案執行單位的專案管理能力指標。由於無法羅列各類專案之重要應注意項目，因此本書只列出資訊系統開發相關專案之可能應注意項目，這些項目為作者過去工作經驗整理所得：

資訊系統需求分析階段

- 審查需求。
- 分析該需求。
- 記錄所發現的需求問題。
- 審查此階段所產生的所有技術文件。
- 確保所有需求的可追蹤性。

資訊系統規格

- 各資訊系統規格書是否能夠追蹤到存在的需求？
- 各資訊系統規格書是否具有彈性與維護性？
- 完成各資訊系統規格書的責任是否都有指定？
- 完成各資訊系統規格書的時程是否都已經規定？
- 完成各資訊系統規格書的成本是否都已經預估？
- 測試策略是否已經建立，以展示資訊系統產品符合需求？
- 特殊的設計標準是否已經指定？
- 各資訊系統規格書是否已經檢查，以符合內部文件的一致性及完整性？
- 修改規格書的流程是否已經修正完成？
- 各資訊系統規格書是否符合文件撰寫標準？

資訊系統設計階段

- 是否所有的資訊系統規格書在設計工作展開前已經依序完成？
- 是否建立一套設計標準？
- 是否有依照標準來執行設計工作？
- 是否所有的設計審查工作皆有準時舉行？
- 是否所有的設計工作皆能追溯到各規格書？
- User是否皆有被通知到設計工作的狀況？
- 是否所有的設計修改皆有得到正式的許可？
- 是否所有的設計修改記錄皆有保留？
- 是否設計階段所有碰到的問題有恰當地報告及解決？
- 是否所有的設計在完成時皆符合標準，以利於程式撰寫的進行？

資訊系統之軟體程式撰寫階段

- 是否程式能追溯到既存的設計？
- 是否取得程式的保護措施有執行？
- 是否程式的整合，依照標準的程序？
- 是否有考慮到不同版本的程式？
- 是否有撰寫資訊系統測試計劃？
- 程式撰寫工作是否依照撰寫標準？
- 是否所有的程式審查皆有依需求來執行？
- 是否所有的審查記錄皆有保留？

資訊系統測試階段

- 是否建立所有測試數據及測試結果的管理？
- 改進測試的工具是否存在？
- 是否在測試階段中碰到的問題皆有註明及解決？
- 是否所有的測試皆有依據已建立的標準程序？
- 是否執行足夠的測試？
- 在測試當中是否有嚴格地控制程序？
- 是否執行既排定的測試？
- 是否審核過測試結果？而且正式答覆滿足合約需求？

資訊系統維護階段

- 是否所有的修改評估記錄皆有保留？
- 是否所有的規格書、程式、文件皆有因任何的修改而隨著修訂？
- 是否監督程序式標準元件？
- 是否修改有獨立地審查以求得正確性及可讀性？
- 是否有接到修改的任何通知？
- 是否修改具有整合到產品的流程？

5.1.2 待辦事項表 (Action Item Lists)

通常在每次的專案例行工作會議，或正式審核會議時，在進入議案討論前，必須先將前次之待辦事項表拿出來逐項討論。每一待辦事項均有負責人、提出時間、擬完成時間、詳細內容等，該事

項負責人必須在會議中提出報告。待辦事項之檢討，最重要的目的是透過會議及把團隊解決問題的能力激盪出來，並讓專案經理可以隨時了解狀況，進而採取必要的協助或處置。應該盡量避免針對人進行鬥爭，否則將使會議很難進行，無法找出理想的解決之道。

當然待辦事項的掌握能力，可以拿來當成人員考核的重要指標，這可以讓專案團隊的公平性得到比較確實的維護。當會議進行中，任何產生的新待辦事項，都必須立刻指定負責人，並設定應完成時間，最好也能立刻指定應有之支援人力、技術、設備等。待辦事項表可以設計如下：

專案代號：　　專案名稱：

事項編碼 (item code)	嚴峻等級 (severity)	事項名稱 (item name)	負責人 (response)	提出時間 (origination date)	擬完成時間 (date complete)	內容摘要 (briefing)

圖 5.3: 待辦事項表

通常待辦事項表所羅列的是因為在進行審核項目檢查時，所衍生的各種需進一步處理之工作事項，因此工作內容之說明，以能清楚定義工作事項為原則。如果無法簡單定義清楚時，則以附件方式詳細說明之。如果待辦事項涉及型態管制項目 (Configuration Item)，則所有的處理動作，必須以工程變更提案 (Engineering Change Proposal - ECP) 的方式提出。ECP 經過型態管制委員會 (Configuration Control Board - CCB) 審議通過後，才能進行變更計畫。

待辦事項表中，「事項編碼」(Action Item Code) 主要是方便專案發展館 (Project Development Library)，電腦建檔紀錄用。「嚴峻等

級」(Severity Level) 通常可分為 ABC 三級，也可 12345 等五級，但較少這麼分，太多級意義不大。「事項名稱」(Action Item Name) 必須能反應事項內容的屬性，最好是該專案的慣用詞。「負責人」(Response) 下次待辦事項檢討時，這個負責人必須提報處理狀況。而待辦事項指定負責人時，如果需要，也常常同時指定若干人力供該負責人調度。

5.1.3 工程變更提案 (Engineering Change Proposal - ECP)

工程變更提案，指在各項專案工作會議 (working meeting)、正式審核會議 (reviews or milestones) 中所發現之問題，而該項問題最後必須更動到資訊系統的型態管制項目，則負責人 (單位) 必須針對型態管制項目，提出 ECP。其主要內容必須包括如下：

- 系統或專案名稱及其電腦編碼。

- ECP 提出者 (單位)、提出時間、嚴峻程度。

- 變更事項名稱，含電腦編碼。

- 列出專案中，所有將受影響之軟體、硬體、文件等。

- ECP 何時進行分析、分析師 (單位) 名稱、分析期程。有時 ECP 的內容必須做嚴謹的可行性評估，必須有進一步的分析，才能進行有效的更正。例如台灣高速鐵路在南部科學園區所引起的震動影響，這必須做進一步的研究分析，才能確定其原因，也才可能提出有效的解決方案。這種分析，如果過於複雜，可能成立一個新的專案，委託專業技術人員 (單位) 執行。

- 建議之解決方案，各方案之影響層面，包含將受影響之軟體、硬體、文件等。另外，還有需要多少資源及所需花費成本等。當然最後必須有決行者簽名，這包括型態管制委員會、ECP承辦人、ECP提出單位主管、專案主持人。

- ECP之負責執行人(單位)及執行之期程。有時ECP所要進行的修正規模太大，可能會為此成立一個特別的專案，才能有效掌握該ECP的落實。當然這樣的ECP，就必須依據專案規劃一樣，做工作分項(Work Breakdown)，並建立工作分項之網狀圖(Network Diagram)，然後才可能規劃出一可行的期程。

5.2 專案型態管理 (Project Configuration Management)

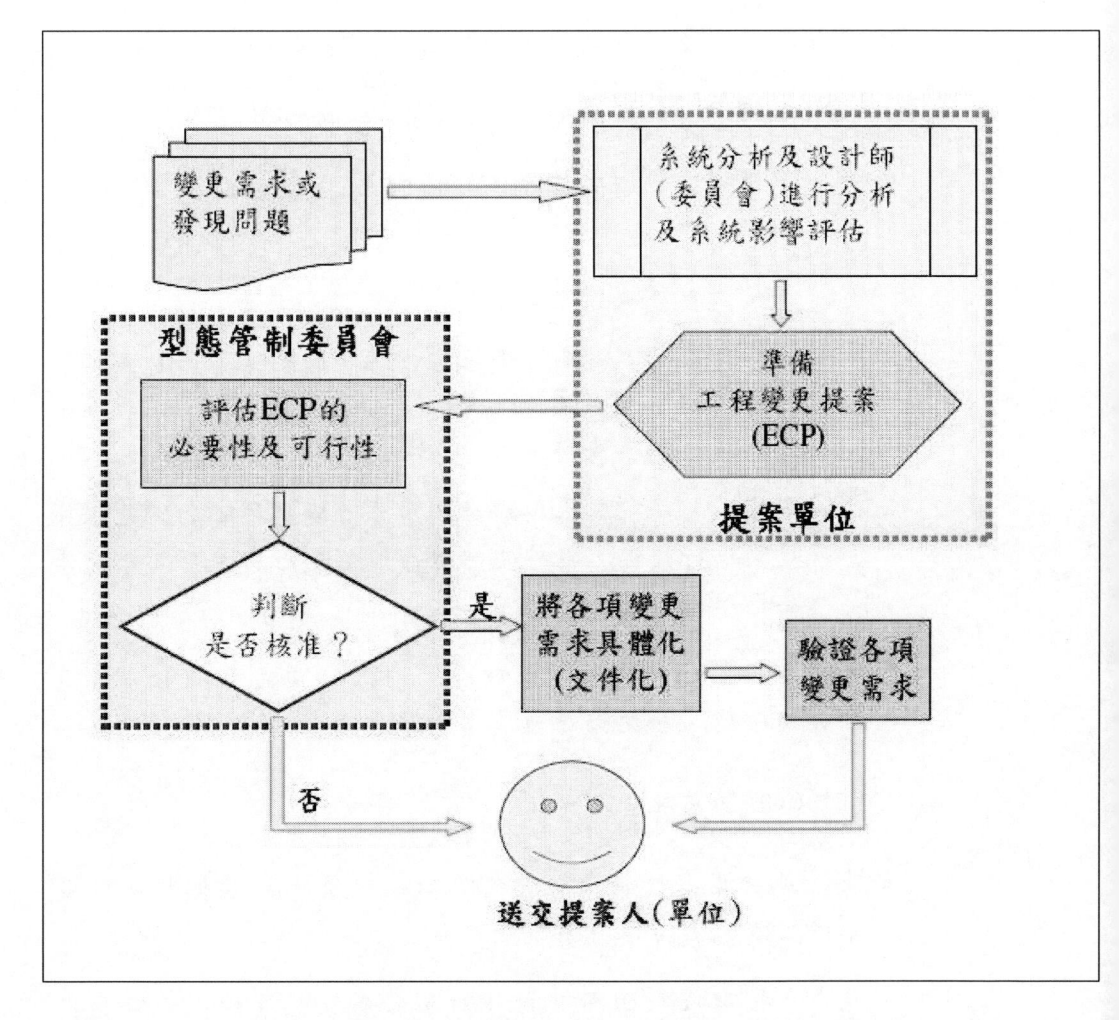

圖 5.4: 專案型態管制流程

在專案型態管制流程中，必須嚴守「依文件規範行事，所有行動必須文件化」這樣的工作原則，否則執行幾次的變更提案後，系統將完全失控，最後不知道系統定型在何種功能組合，才是最佳版本。尤其當系統規模很大時，型態管理失控，可以說就

是專案失敗！下列是專案型態管制流程中，最重要的五項任務：

1. 發現異常或與原計畫不一致的問題，發佈工程變更需求。

2. 分析整體影響，判斷工程變更需求是否需要執行？

3. 準備工程變更提案 (Engineering Change Proposal - ECP)。

4. 將 ECP 提型態管制委員會 (Configuration Control Board - CCB) 審查。

    - 評估工程變更需求的必要性、完備性及優先權。

    - 依據書面的 (即具法律正當性的) 專案程序，專案發展計畫書與專案三要件 (規格、時效、成本)，評估每一變更項目的恰當性。

    - 依據品質保證需求與標準，對每一變更項目的實施程序規劃進行評審，以確定該程序規劃是否與客戶要求的產品標準互相吻合。

5. 與顧客再次討論合約，修改合約內容，且需經 CCB 審查更正合約確認，並紀錄時程與費用的變更。

其中 CCB 的主要任務如下：

- 確保對硬體、軟體及文件所建議的變更，對其他相關計畫要件之衝擊，給予有系統地評估。

- 審查及核准或駁回所有對硬體、軟體及文件的工程變更提案。

- 確保所有的變更都經過核准。

- 確保只有獲准的工程變更提案才付諸實行。

- 確保工程變更提案被適當的分類。

- 判斷工程變更提案是否合併？
- 判斷工程變更提案的優先順序。

5.3 專案之量化控制 (The Project Control Metrics)

在專案管理的控管過程中，進度控制可以說是非常重要的一環。然而有許多工作項目的進度，並不是那麼難評估，例如建築工程專案，有一個明顯的結構物，很清楚的呈現主要產品的發展進度。但有部份專案的工作項目則較難一目了然，例如文件的撰寫情況之掌握，或是資訊系統開發案的系統製作情況掌握，都是比較抽象而難以直接度量的。所以透過適當的量化，才能更有效的管控專案的進行。本書將就文件化的程度分析，及資訊系統完成度分析，提供作者過去工作經驗中，所使用的方法。

5.3.1 文件化程度分析 (The Documentation Analysis)

這部份的內容，主要是以一個資訊系統開發案為對象，針對這類型的專案，如何在開發過程中得知專案文件化的程度。在本書作者的工作經驗中，當時是利用所謂文件指標 (Document Index - DI) 的量化值 (Metric) 來判讀，其定義如下：

$$DI = \frac{\sum_{i=1}^{6} W_{1i}D_i + \sum_{i=1}^{6} W_{2i}S_i}{2}$$

其中 W_{1i} 為每一階段文件之權重係數，代表發展過程中，該階段文件之重要性，通常我們把大型資訊系統開發案，分成六個階段需求分析、初步設計、細部設計、系統製作、型態管制項目測試、系統整合驗證等，這也是為何公式中的 i 是由 1 變化到 6 的原因，所以六個權重比例總合 $W_{1i} = 1$。當然如果專案的規模較小，可能不需分成六個階段，此時 W_{1i} 的個數就應該跟著調整。例如學校的畢業專題，如果想衡量文件化程度，可能只分為四個

階段，概念分析與設計、系統內外部設計、系統製作、系統整合與測試等。W_{2i} 之定義與 W_{1i} 類似，代表開發過程中，每一階段對資訊系統所有程式內容的影響權重比例，當然其總合 $W_{2i} = 1$。

D_i 為各階段文件產品之完成比例，以學校畢業專題為例，在概念分析與設計階段，應該完成系統規格書，此時 D1 就代表該文件的完成度。如果一個階段有非常多本文件時，則整體考量其完成比例，因此其值永遠介於 0 到 1 之間。正常狀況下 D_i 的值，不可能是 1，尤其是資訊系統專案，因為永遠都可能進行系統調整，在嚴謹的型態管制下，所有的文件可能隨時必須增修，因此不會有全部完成的一天！

S_i 為專案過程中與程式 (Source Listings) 相關的內容，這是因為資訊系統開發案，最後最重要的產品是軟體程式，因此必須把這部份的工作凸顯出來。根據本人過去經驗，程式內容中有三分之二事實上是文件說明，換言之，真正能執行的部份只佔內容的三分之一。這是為了將來系統驗證測試或維護時，可以增加程式的可讀性。而所有程式中說明的內容，都是在專案發展的各階段過程中，就必須確定的內容。例如一個系統功能的外部介面，應該包括的項目及其使用型態，甚至必須在概念設計時，就已經被確認的，因為這與使用者息息相關。所以 S_1 就是類似這樣的描述，用來衡量在發展過程的第一階段中，所有與程式內容相關的部份已經被完成的指標。

根據作者過去經驗，大型嵌入式軟體系統 (Embedded Software) 開發案，在系統發展的六大階段中，其文件化程度之變化可由底下圖 5.4 表示之。當然嵌入式系統開發案，是一種極端重視文件的專案，所以文件化的要求非常嚴謹，其他的專案不一定要比照這種要求。當然我們認為當系統開發進入細部設計階段 (第三個階段) 時，文件化程度必須超過 3 (即達到 50% 的文件化程度)。其中有稍微短暫的下降現象，是因為審查會後發現的錯

誤，使得指標值出現降低的狀況，這在專案發展過程是一種正常的現象。越複雜的專案，越應該是有上下變化的現象，否則審查會必然不確實，或是數據紀錄不確實。

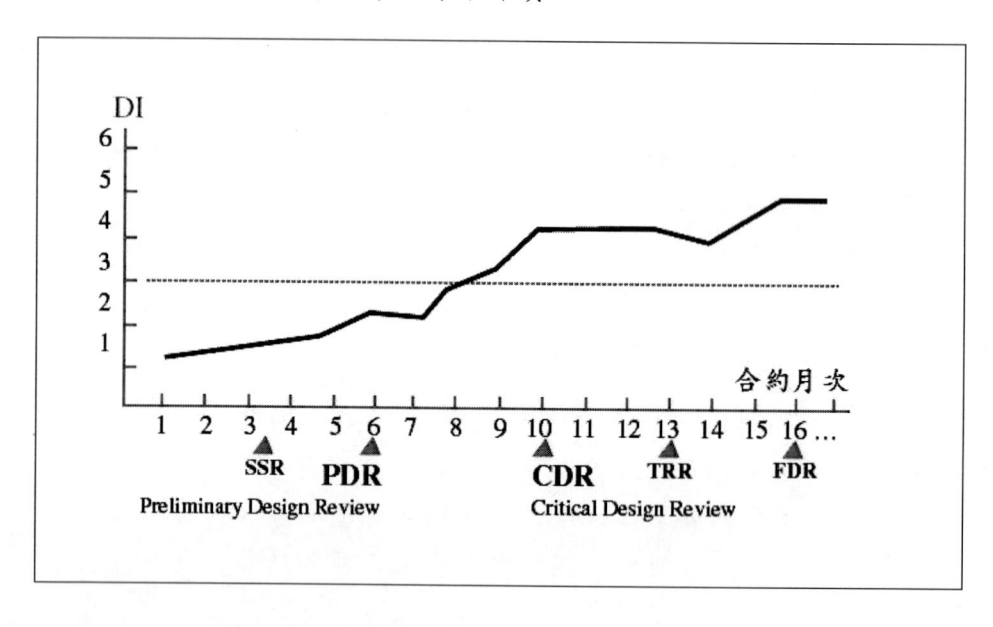

圖 5.5: 嵌入式軟體系統開發案文件化程度之走勢

5.3.2 系統完成度分析 (The System Completeness Analysis)

在這一小節中,我仍以資訊系統開發案為例,提出一套過去工作經驗中,所使用的系統完成度分析。這是一套量化的指標,用來衡量專案發展過程中,系統的完成度。當然每個專案對完成度的認知不同,不同的專案團隊對所謂完成度的認知也不同,因此對完成度的組合因素可能也不同。不過沒關係,底下的例子,可以讓大家感受系統完成度的衡量,是如何在實務上被落實的。

P_1 無適當定義的軟體功能之數目。

P_2 軟體功能的總數。

　　P_1 與 P_2 兩個指標值,可在軟體規格書中計算而得,通常是在軟體需求審查會 (Software Requirement Review - SRR) 時清算出來。

P_3 無定義之資料項目的總數。

P_4 資料項目的總數。

P_5 有定義但沒有使用的軟體功能。

P_6 有定義的軟體功能。(即 $P_6 = P_2 - P_1$)

P_7 被有定義的軟體功能所參考,但無定義的軟體功能數目。

P_8 被有定義的軟體功能所參考到的軟體功能數目。

P_9 沒有使用任一狀態的決定點。

P_{10} 決定點的總數。

P_{11} 沒有使用的狀態。

P_{12} 狀態的總數。

P_{13} 有呼叫參數,但與所定義的參數不一致的呼叫程式數目。

P_{14} 所有呼叫程式的總數。

P_{15} 沒有被設定之狀態的總數。

P_{16} 有設定但是沒有處理的狀態。

P_{17} 有設定的狀態之總數。(即 $P_{17} = P_{12} - P_{15}$)

P_{18} 無目的地之參考資料的數目。

從 P_3 到 P_{18} 所有的指標值,都可以在初步設計審查會 (Preliminary Design Review - PDR) 中,得到估計值。而最後確定的指標值,可以在關鍵設計審查會 (Critical Design Review - CDR) 中,得到最後的清算。

根據上面的各項指標,我們更進一步的組合出更能反應系統完成度的度量值。

C_1 滿足需求定義的軟體功能,$C_1 = (P_2 - P_1)/P_2$

C_2 所定義的資料項目,$C_2 = (P_4 - P_3)/P_4$

C_3 所使用的有定義之軟體功能,$C_3 = (P_6 - P_5)/P_6$

C_4 所定義的參考軟體,$C_4 = (P_8 - P_7)/P_8$

C_5 在決定點所使用的狀態數目,$C_5 = (P_{10} - P_{11})/P_{10}$

C_6 在決定點所使用的有處理的狀態,$C_6 = (P_{12} - P_{11})/P_{12}$

C_7 與定義參數一致的呼叫程式,$C_7 = (P_{14} - P_{13})/P_{14}$

C_8 所有被設定的狀態,$C_8 = (P_{12} - P_{15})/P_{12}$

C_9 伴隨設定狀態的處理，$C_9 = (P_{17} - P_{16})/P_{17}$

C_{10} 具有目的地的資料項目之數目，$C_{10} = (P_4 - P_{16})/P_4$

從上面的定義可知 $0 \leq C_i \leq 1$，以這些值將一個資訊系統軟體開發的完成度 (C_p) 定義為：$C_p = \sum_{i=1}^{10} W_i C_i$。其中 $\sum W_i = 1$，$0 \leq W_i \leq 1$ 為各項 C_i 之權重比例，可能會因不同專案及團隊的不同認知而異。基本上，$0 \leq C_p \leq 1$，而且值越大越好，可接受的最小值約 0.75。圖 5.5 是本人過去工作單位的經驗值，大家可以發現系統完成度會隨著專案的進行而變化。會降低的原因是，在審查會之後，發現許多問題或錯誤，因此使某些系統功能變成不確定因素，所以使系統完成度呈現暫時性的下降。正在狀況下，在 CDR 後必須是在比較穩定的狀態之中，否則表示系統的成熟度很有問題。

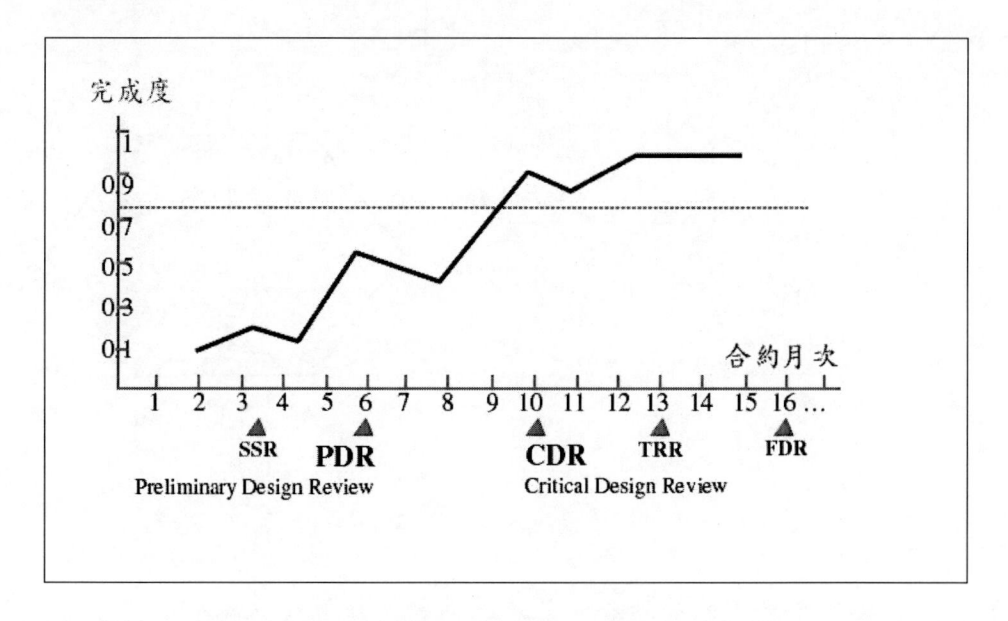

圖 5.6: 嵌入式軟體系統開發案完成度之走勢

5.4 本章總結 (Chapter Summary)

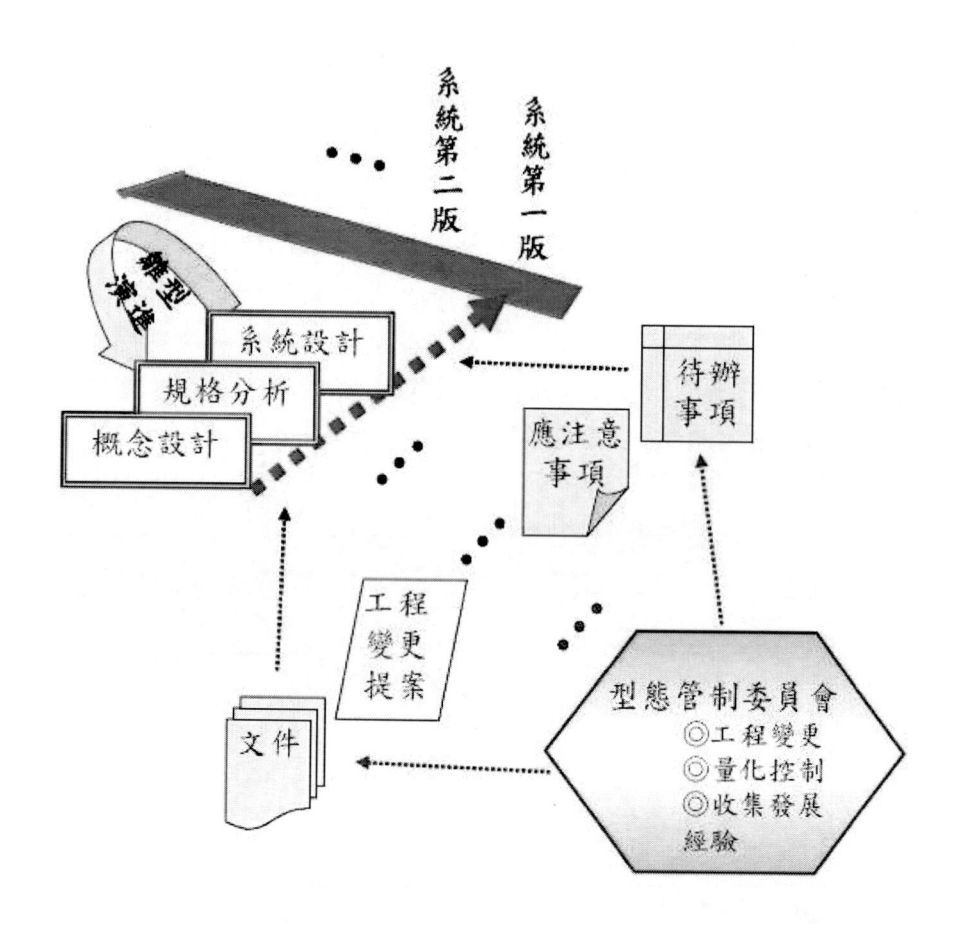

圖 5.7: 專案發展過程的控管

　　專案發展過程的控管，最重要的是各種資訊的收集，這有助於問題的早期發現。早期發現問題，解決問題的成本很低。如果到後期才發現規格問題，那可能必須付出巨大的代價，甚至可能無法回復。現在資訊技術非常發達，對量化指標的收集分析，有

很大的幫助。在完善的資訊技術協助下,型態管控制度可以被執行的較以往徹底。就系統工程的角度而言,在目前技術環境下,專案管理如果失敗,往往是專案經理本身的態度問題,或是其管理素養缺乏所致。

進階參考資料 (Recommended Reading)

1. 有關型態管理之進階閱讀資料:ANSI 與 IEEE 出版的型態管制作業「"ANSI/IEEE Std 828"」。

2. 本章有關審查會部份的重要內容應閱讀:本書所整理之附錄 B。

> 案例研討:型態管理問題
>
> 請學生將畢業專題執行過程中,所遇到之系統整合問題,列舉出來。其中與系統更正及版本組合有關的議題,必須詳細說明,並指出問題產生的原因。針對這些問題產生的原因,提出一套有效的解決辦法。

問題與討論

Q: 如果有一個團隊是替客戶開發軟體,該如何確保品質?
A: 需注意二件事:

  (a) 文件很重要,即 ISO 的口號「做你寫的,寫你做的」。

  (b) 必須有嚴格管制的修改程序。

Q: 在開發系統軟體的專案當中,當專案時程較長,如為兩到三年的案子。廠商除了一開始做完系統分析時,交予客戶系統雛形的設計文件外,那詳細的系統設計文件,包含各項

參數、演算法等等，應在何時交給客戶？因為發展時間較長，客戶可能不斷的修改需求，承包商提出的詳細系統設計文件，可能需要一改再改，工程會不會太過浩大繁鎖？可以在產品驗收時再一併交給客戶嗎？
A：

(a) 通常比較詳細的系統設計文件，都在 PDR（Preliminary Design Review，初步設計審查會）或是 CDR（Critical Design Review，細部設計審查會）的時候給。

(b) 要做修改的話，必須經過型態管制委員會同意才可以。如果是一個大型專案，型態管制委員會的成員可能包括出錢的人（甲方）、製作計畫的人（乙方）、履約管理單位的人（可能是公正的第三方，或是互派代表組成）。如果要做修改，需要提高成本，就必須請甲方付額外的修改成本。

(c) 如果合約訂在系統完成的時候才給文件，就可以在系統完成的時候才給；如果是 Time and Material 的合約，則 PDR 時要給初步設計文件，那些是雛形、那些是文件、那些是要定案的⋯。在 CDR 時，則是細部設計文件要交出來。

Q：系統中的程式被分做很多模組，每個模組由不同的 Programer 負責寫程式，這些 Programer 要如何合作，才可以避免程式在整合時發生問題？
A：有兩個原則

(a) 程式 I/O 要定的非常嚴僅。
Input、Output 格式、如幾個 bits，都要定的很清楚，否則無法整合。還有必須注意參數的命名，標準的參數命名分成三個段落，就是一個名字有三段，中間用連接符號連起來，所以參數的名稱都很長；

第一段是 source (參數中的資料是哪個程式產生的)。

第二段是 destination (在此程式處理後要 Output 到哪個程式)。

第三段也是最後，才加上這個參數代表的是什麼，如 age。

三段式的命名：參數值是誰產生的、要給誰用、參數裡放的是什麼。所以程式在測試、整合時，一有問題發生，一看名字就會知道發生問題的參數是誰產生的、誰處理、放什麼，很清楚的知道。程式有 bug，一定要知道錯誤的來源，就可容易鎖定錯誤，不會像大海撈針一樣。

(b) 第二是要有編碼標準。

就是寫程式的 style 要一樣，各寫各的程式，整合就會非常困難，出錯也不容易偵錯。

練習題

1. 良好的專案控管,除了確實做好「計畫審查」及「後續辦理」外,還須有嚴謹的 [A 人力控管 B 資源管理 C 型態管制]。

2. 下列何者與專案審核指引無關 [A 審核的是產品,而不是審核產品設計製作者 B 為正式審核安排點心 C 預定議程表 (Agenda),並維持該議程時間表 D 限制參加人數,堅持事先準備]。

3. 下列何者與專案需求分析階段之應注意事項無關 [A 記錄所發現的需求問題 B 審查此階段所產生的所有技術文件 C 確保所有需求的可追蹤性 D 排除需求問題]。

4. 下列何者與專案系統設計階段之應注意事項無關 [A 所有人力是否被確實檢討 B 是否建立一套設計標準? C 是否有依照標準來執行設計工作? D 是否所有的設計審查工作均準時舉行?]。

5. 下列何者與專案型態管制流程無關 [A 發現異常或與原計畫不一致的問題,發佈工程變更需求 B 請顧客提出工程變更需求 C 分析整體影響,判斷工程變更 D 準備工程變更提案 E 將 ECP 提型態管制委員會審查]。

6. 下列何者不是待辦事項表的內容 [A 應懲處人員 B 事項編碼 C 嚴峻等級 D 事項名稱 E 負責人]。

7. 下列何者有關 ECP 的敘述何者不很正確 [A 指工程變更提案 B 重大的 ECP 案,可能因而成立另一專案 C 必須經過型態管制委員會審議通過,才能實施 D 是應注意事項的一種]。

8. 下列有關專案系統完成度的敘述，何者不很正確 [Ⓐ「完成度分析」在專案發展過程中都可以進行估算Ⓑ不同專案其完成度分析所需之因素，也不盡相同Ⓒ「完成度分析」只能在專案發展後期才可以進行估算Ⓓ專案執行到後期時，其完成度最少要達到百分之七十五以上]。

1	2	3	4	5	6	7	8
C	B	D	A	B	A	D	C

附錄 A

範例－線上生涯規劃輔助系統概念企劃書

關鍵詞：生涯規劃、易經、卦象、案表、卦表。

摘要

人的生命不過短短數十寒暑,如何規劃自己的人生充實每天的生活,這是你我都想了解的課題。在人生的道路上,我們常常會思索自己所選擇的方向是否正確？當下的決定是符合自己目前條件的最佳選擇嗎？尤其是一個人的大學時代,是決定人生方向非常重要的時期。

　　本計畫將這些問題略分為學生時代的課業問題、與同學朋友的人際狀況、以及出了社會之後的工作狀況,包括自己是否會受到長官的青睞,是否有機會升遷、該不該轉換跑道了？還有自己的身體的健康狀態？當然還有最重要的感情問題。針對這些問題,設計一些以易經卦象結構為主的問卷,協助一個人,了解自己每一個當下,應該以何種態度來下決定,還有面對問題。

　　在做出一個決定之前,必須要先了解自己目前的處境,才能知道自己擁有多少勝算、才能掌握自己做了決定之後結果會變的如何。當認清自己目前的狀況之後,也才能容易的做出最正確的判斷與掌握。因此,我們開發出一套「線上生涯規劃輔助系

統」，目的是幫助一個人了解自己過去與未來的因果關係，以及目前的現況與掌握的資源，讓自己了解做出抉擇之後的所有未來可能發展，能幫助一個人掌握與規劃自己的未來，藉以實現建構出來的抱負藍圖。

A.1 簡介

「易經」是中國古代集合各家學說所流傳下來的智慧依據，是數千年中許多智者，觀察自然界的一切變化，所統整出來的一套規律，協助判斷當下處境的吉凶，並建議應採取的態度與對策。因此妥善的生涯規劃，可以參考易經六十四卦的推演，再將這些卦象運用於人事上。

沈肇基老師以研究易經多年的經驗，融會貫通易經的精髓，賦予六十四卦獨到的定義與解釋，設計出一套易經推演流程，並且用特殊的「案表」與「卦表」供使用者填寫，將之運用於生涯規劃中，分析使用者的問題狀況，並藉以推演出一個卦象供使用者作為生涯規劃的參考。本「線上生涯規劃輔助系統」即是將沈肇基老師設計出的易經推演過程系統化的結果。

A.1.1 系統概念圖

如下所示：線上生涯規劃輔助系統概念圖(定義一個專案的關鍵步驟)

附錄 A 範例－線上生涯規劃輔助系統概念企劃書　**169**

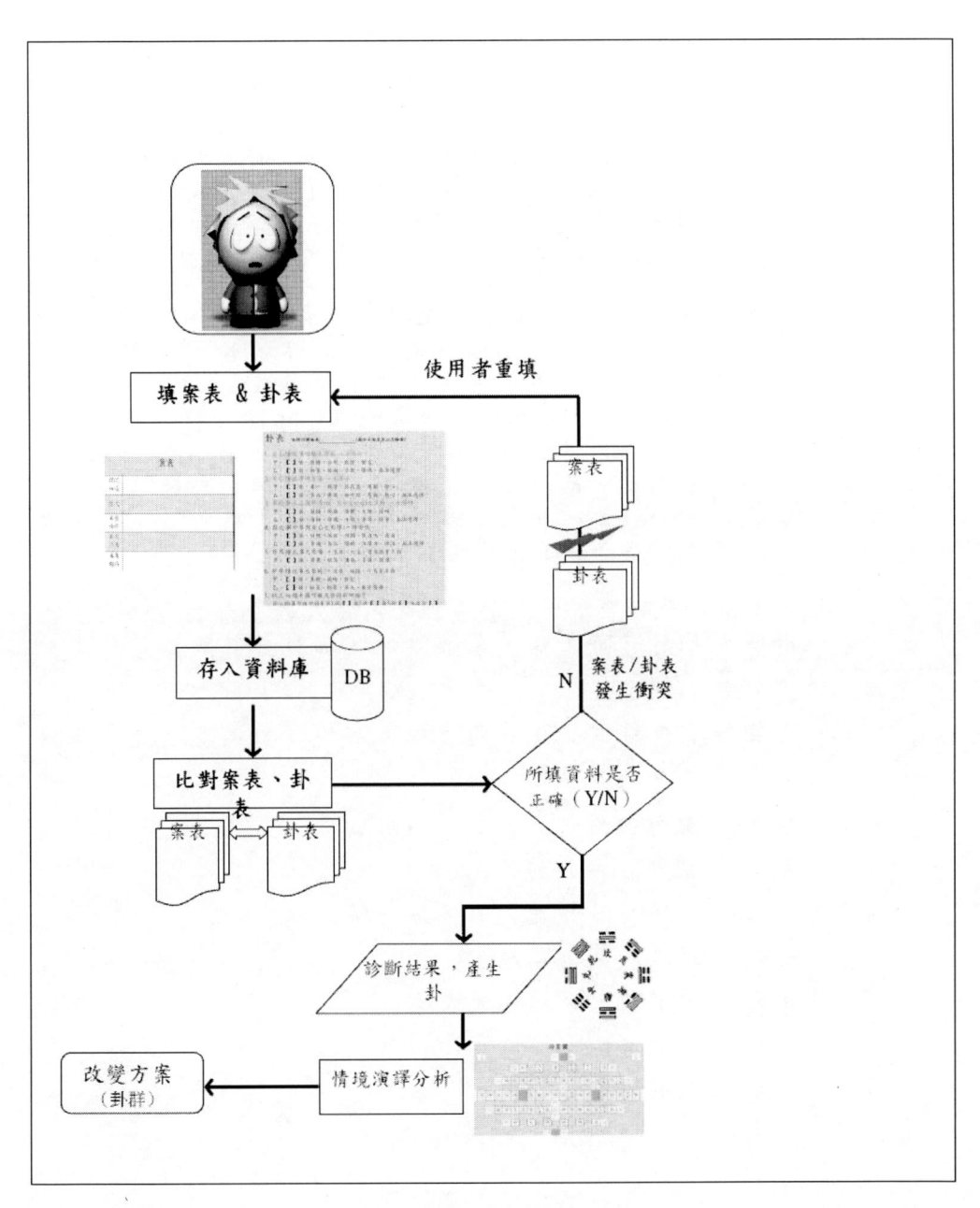

圖 A.1: 範例專題系統概念圖。

A.1.2 易經內容簡介

1. 「周易的經部」是由六十四個卦的卦象及卦、爻辭所組成的。

2. 「卦象」是一組符號圖式，由六條線條組成的一組圖式，稱為一卦，一卦中的每一個線條為稱為一爻，是故六爻組成一卦。爻有陰爻陽爻兩型，陰爻之線條中間不連貫，（— —），陽爻的線條中間連貫，（—），卦象間的差別是因一卦中的六個爻分別為陰爻或陽爻的組成方式而造成的，卦象上的差別在邏輯上的可能性正好是六十四種，故易有六十四卦。當然如果衍繹起來，就千變萬化不計其數了。

3. 「爻」的讀法是由位在下的先讀起，第一爻稱「初」爻，若為陽爻稱「初九」九為陽爻的代表名字，若為陰爻稱「初六」六為陰爻的代表名字，第二爻至第五爻之陽爻稱「九二」、「九三」、「九四」、「九五」，陰爻稱「六二」、「六三」、「六四」、「六五」，第六爻稱「上」爻，陽爻為「上九」，陰爻為「上六」，但乾坤兩卦的第六爻有二義，另一義為「用」，稱「用九」及「用六」，這是在占卜時的特殊情況下才會用到的。

4. 「卦辭」是對全卦卦象的義理之解說及對全卦之吉凶判定之解說。卦辭有時又稱「彖辭」。（如乾卦卦辭：元、亨、利、貞。）

5. 「爻辭」是對該爻爻象的義理之解說及對該爻之吉凶的判定。例如乾卦六爻的爻辭是：

   初九： 潛龍勿用。

   九二： 見龍在田，利見大人。

   九三： 君子終日乾乾，夕惕若，厲，無咎。

   九四： 或躍在淵，無咎。

   九五： 飛龍在天，利見大人。

   上九： 亢龍有悔。

   用九： 見群龍無首，吉。

A.2 易經生涯規劃方法論

以下為使用易經做為人生可行性評估的流程圖:易經生涯診斷法－人生可行性評估 (Life Diagnostic And Analysis Based on The Book of Changes － The Life Feasibility Study)

```
              望〔察眼觀色〕
〔了解現況〕聞←↓→問〔說明釐清〕
              切〔填案表〕
                  ↓
        〔填卦表及情境展開圖〕
                  ↓
      人生可行性評估 - Life Feasibility
```

A.2.1 方法說明

1. 望:即「察眼觀色」。是指觀察者在自然的情境中,對受試者(當事人)進行直接觀察紀錄,然後做出客觀的解釋。

2. 問:即「說明釐清」。也就是詢問受試者本身對於問題的看法,以問答的方式引導受試者說出現狀。

3. 聞:即「了解現況」。觀察者可透過「望」以及「問」的方式了解受試者的現況,並且提出客觀的分析解釋,幫助受試者更了解其目前的狀況。

4. 切:受試者可利用填寫「案表」的方式,仔細思考問題發生前的歷史狀況、認清自己目前所擁有的條件、以及考慮目前的作為。透過這種自我覺察的方式來了解這個問題產生的因果關係。紙本填寫案表的規格如下:

現況細述	
歷史	
目前條件	
目前作為	
未來期待	

圖 A.2: 案表（摘錄自沈肇基老師教學網站 http://www.mis.nchu.edu.tw/amitofo/ ）

5. 填寫卦表及情境展開圖

「卦表」是由易經的六十四卦推演而來。沈肇基老師依據研究易經多年的經驗，根據易經六十四卦的規律與吉凶，將之濃縮成 7 道題目。受試者根據自己所要詢問的事情填寫卦表，卦表填寫完畢後會分析出一個卦象，用來說明受試者目前的處境。受試者可依據此卦象結果，來對問題的處理，做更有利的決定。另外，「情境展開圖」則是未來可能改變的處境，受試者可以依據情境展開圖，來預測自己未來可能的發展，並且幫助自己判斷如何抉擇，才是最容易達到目標的路徑。情境展開圖如下：

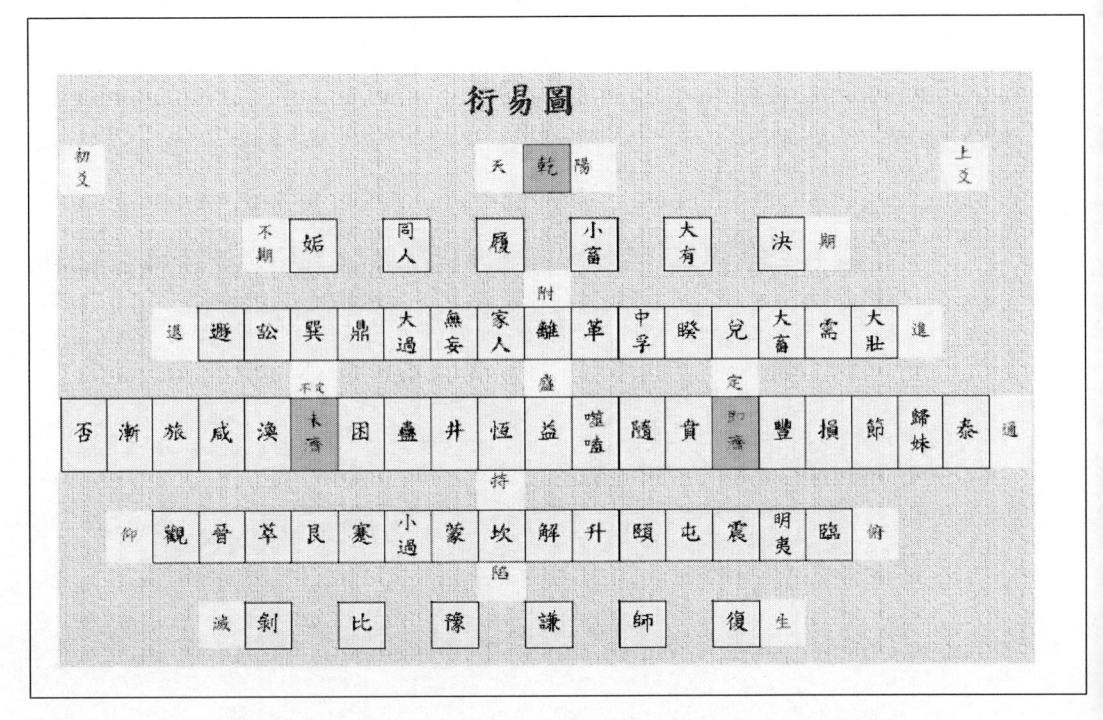

圖 A.3: 卦表 (摘錄自沈肇基老師教學網站 http://www.mis.nchu.edu.tw/amitofo/)

A.2.2 系統化易經生涯診斷：

本「線上生涯規劃輔助系統」是運用上述的方法概念 (望、問、聞、切、填寫卦表) 將之系統化，使用者只要透過電腦網路即可使用本系統。透過本系統，能有效幫助一個人了解目前狀況，以及對未來的規劃做出有效的判斷，達成未來的目標。

系統美工設計概念

本系統是採用 Flash MX 2004 製作而成的網頁，網頁內部的程式設計則是運用 Action Script 程式語言撰寫而成。系統畫面是以灰色調為基底顏色，並以其他柔和的顏色點綴之，期望所有使用本系統的人，都能因而走出面對難題時的困擾，為自己重新裝上彩色的心情，看到彩色的世界。

系統外部介面概觀

1. 系統使用流程概念圖：
   引導使用者如何正確的使用本系統，將滑鼠指標移向按鈕即會產生說明文字，方便了解整個系統運作流程。

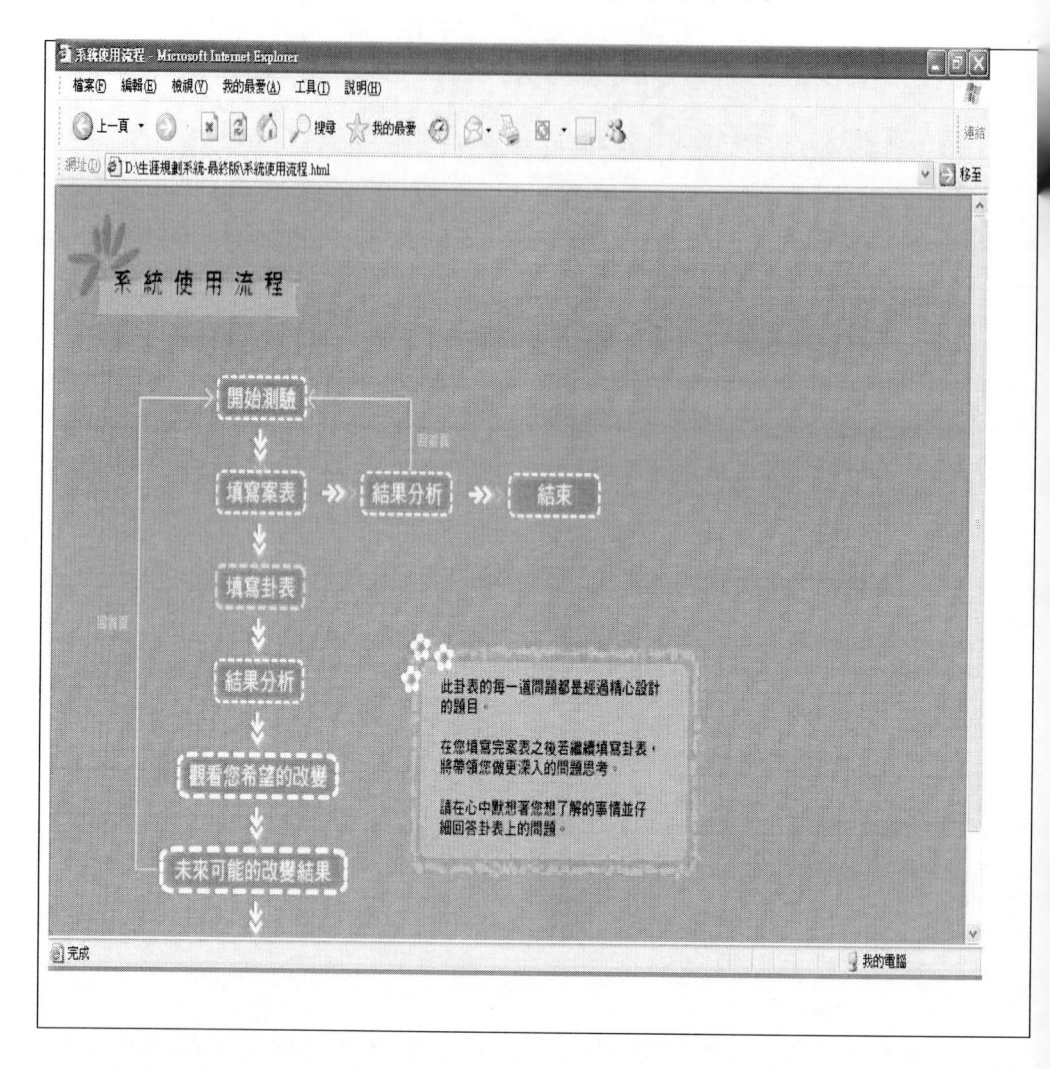

2. 選擇想詢問的問題類型：
   可以根據自己的需要選擇想詢問的問題，如課業考試、感情溝通、事業投資、職場升遷、醫療保健等。

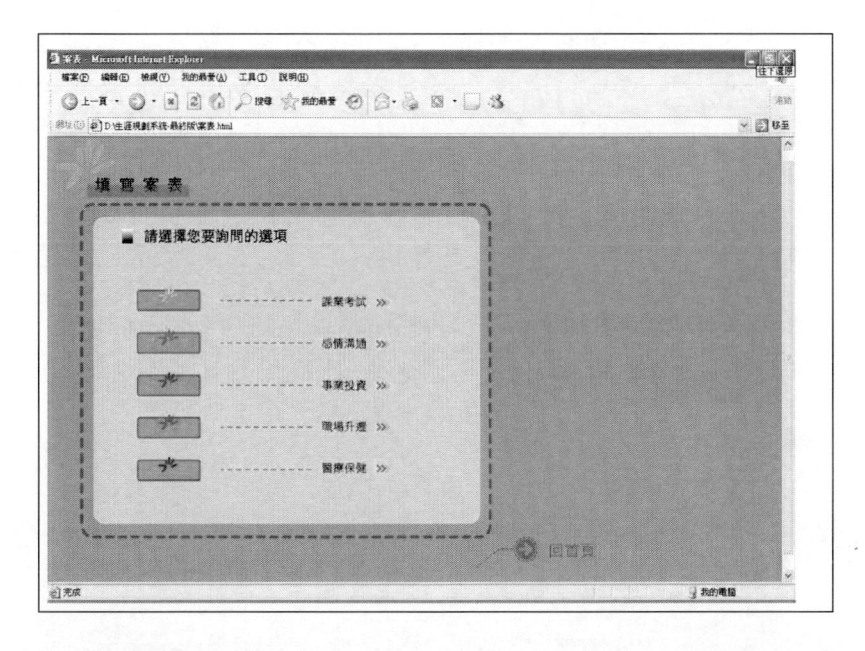

附錄 A 範例－線上生涯規劃輔助系統概念企劃書　　**175**

3. 填寫案表：

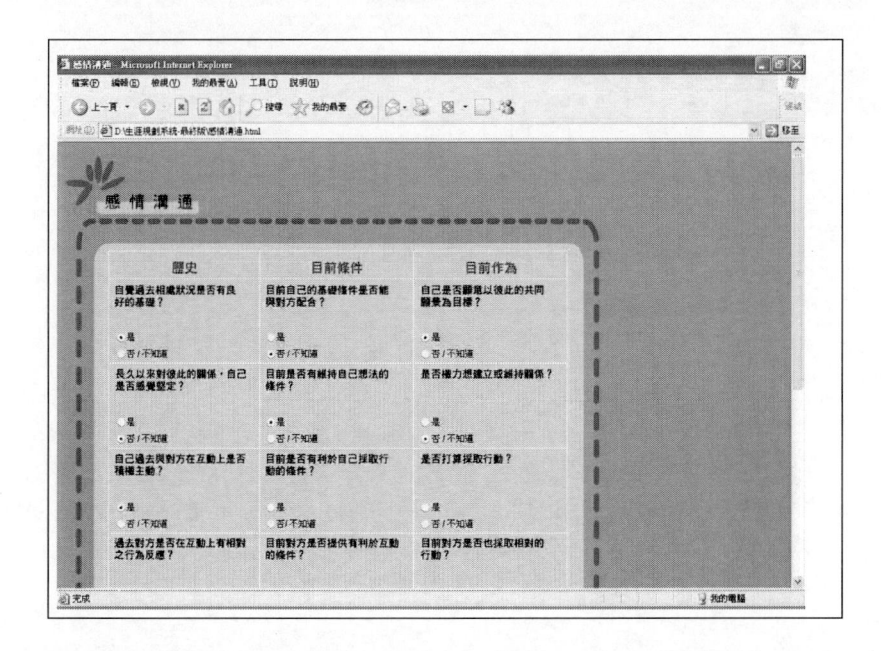

使用者可利用填寫「案表」的方式，仔細思考問題發生前的歷史狀況、認清自己目前所擁有的條件、以及考慮目前

的作為。透過勾選案表問題的方式釐清、統整出事情的整體架構，待填寫完之後，可以馬上觀看分析結果或是繼續填寫卦表，進入更精確的分析診斷。

4. 填寫卦表

「卦表」是由易經的六十四卦推演而來，共有七道題目。使用者根據自己所要詢問的事情填寫卦表，卦表填寫完畢後會分析出一個卦象，用來說明受試者目前的狀況與運勢。受試者可依據此卦象結果，對問題的處理，做更有利的決定。

使用者在填寫卦表之前，必須要先填寫案表，以釐清自己對於此事的了解，系統會對案表與卦表進行分析比對，並提出差異點給受試者參考省思，可以再次重新選擇思考卦表或者案表的題目，用多面向的方式思考此事的癥結點。

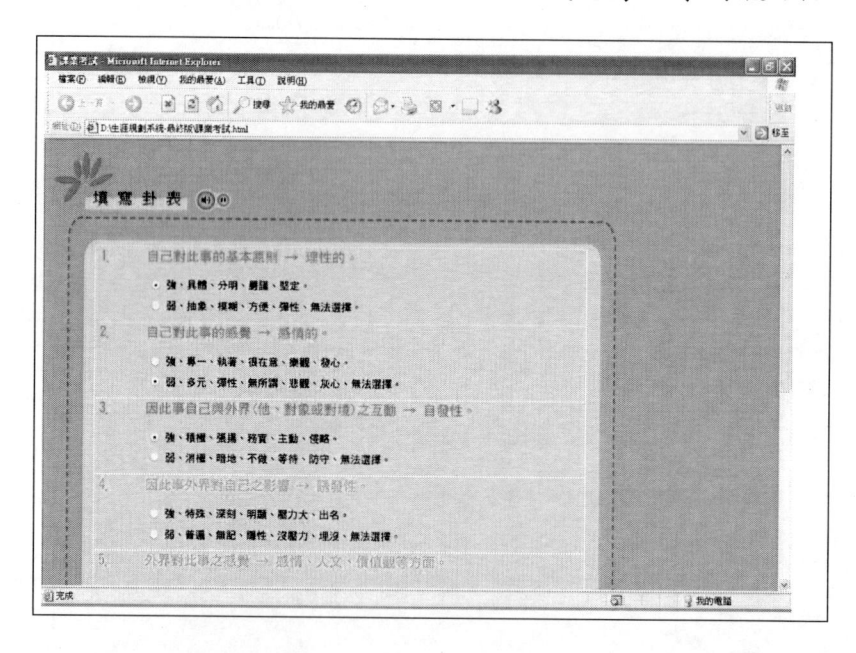

另外，值得一提的是，在勾選完卦表的第七道題目時，系統會分析出「未來可能的改變」，並且提示目前希望做的改變為何事，受試者可以依照指示從「衍易圖」上的指標，找到自己「未來可能改變的處境」。

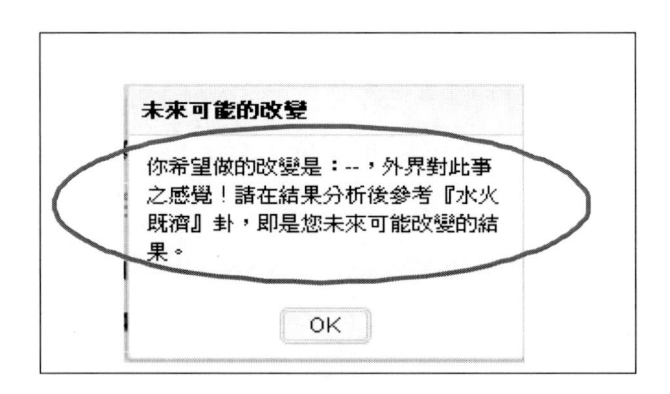

附錄 A 範例－線上生涯規劃輔助系統概念企劃書　**177**

5. 未來可能改變的結果(衍易圖)
    衍易圖上有「指標」(圓圈處)，用以指向受試者未來可能改變的情境卦象。受試者可以依據衍易圖上所指的卦象，來預測自己未來可能的發展，還可利用此衍易圖上的路徑，來幫助自己判斷做出何種抉擇最容易達到理想目標。

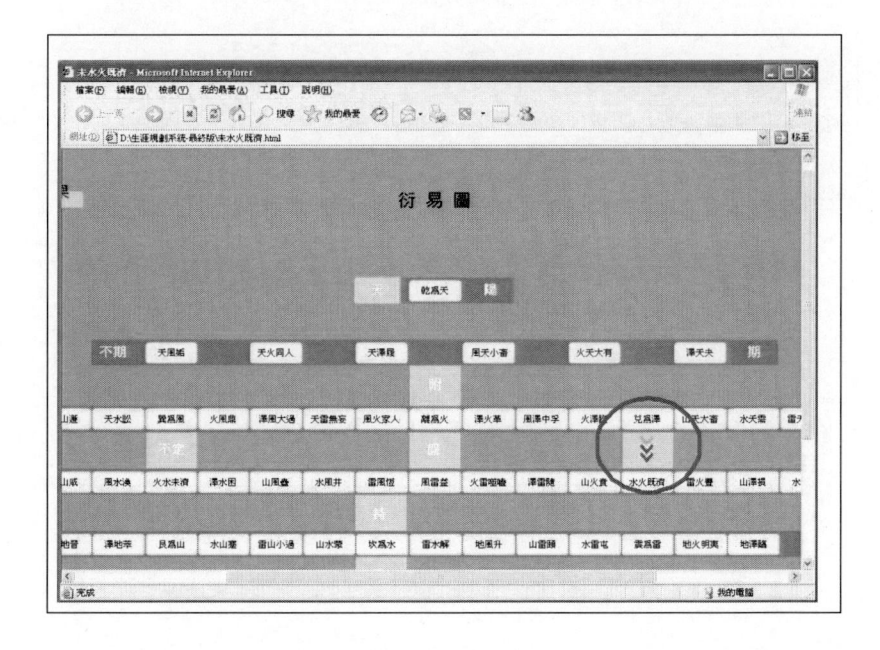

6. 案表與卦表發生衝突
    當案表與卦表經系統分析比對之後，若出現不對稱結果，將會產生衝突現象。使用者可以考慮重新勾選案表，或者卦表的題目，再次重新思考問題。若使用者不願意重新思

考問題，也可以直接觀看分析結果。當然兩種結果不同，並不表示不正確，主要是反應受試者，內化的思維，與表象的言行，有一段差異所致。事實上，正常的人，多數是心行不一的，只是形容辭不同！好人心行不一，稱為有修養。壞人心行不一，就是奸詐狡猾！

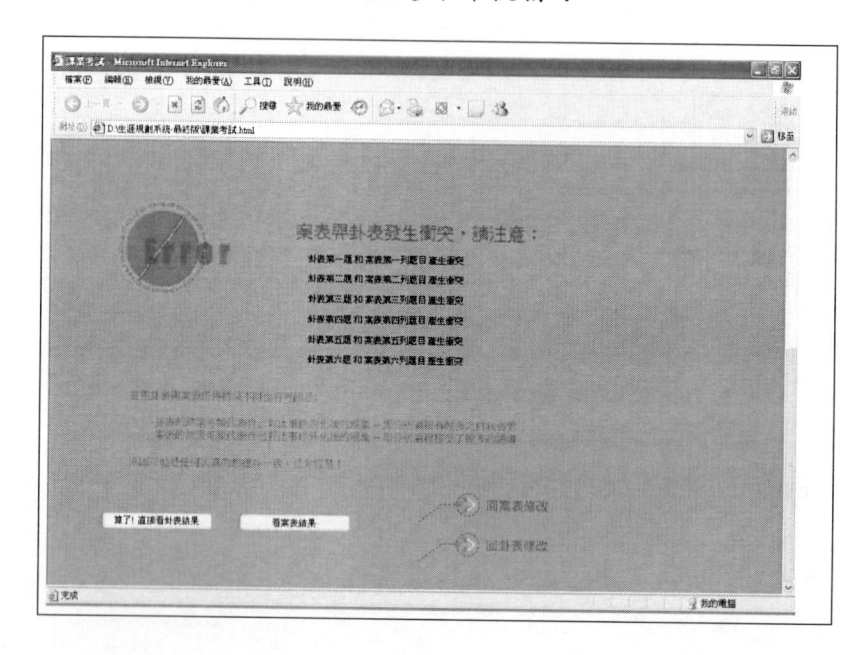

7. 結果分析

是根據受試者所勾選的案表、卦表結果分析而來，內含有分析結果，包括運勢、自我目前狀態、愛情、與健康，以及周易卦爻辭原文、周易卦爻辭解釋。可以據此分析結果，透悉自己的狀況，幫助自己對未來的規劃，做出有效的判斷，達成未來的目標。

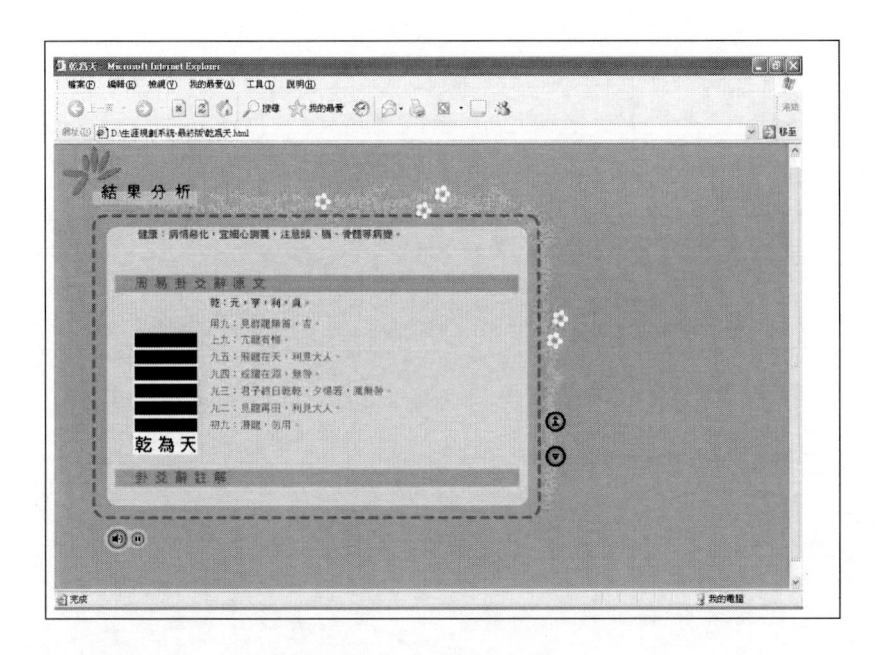

A.3 工作分項與時程初步規劃

本專題計畫工作項目，分成生涯剖析、易經探討、網頁設計三部分。其中「生涯剖析」又細分為「生涯問題分類與整理」及「問題定性實驗」兩部份。而「網頁設計」部份，也分成「工具選擇與學習」及「架構與美工設計」兩部份。其分項架構圖 (Work Breakdown Structure) 如下所示：

各工作項目定義如下：

- 易經生涯規劃系統整合：
  將各類生涯問卷之相關功能，透過權重演算法整合，結合網頁設計，提供生涯分析及建議。

- 生涯設計：
  討論提出常見生涯規劃問題之種類，並分析各類問題出現之原因及條件，據此配合易經卦位特性設計問卷。對問卷內容做定性分析及實驗，設定權重。

- 易經探討：
  研讀易經相關資料，了解卦象及卦位結構。

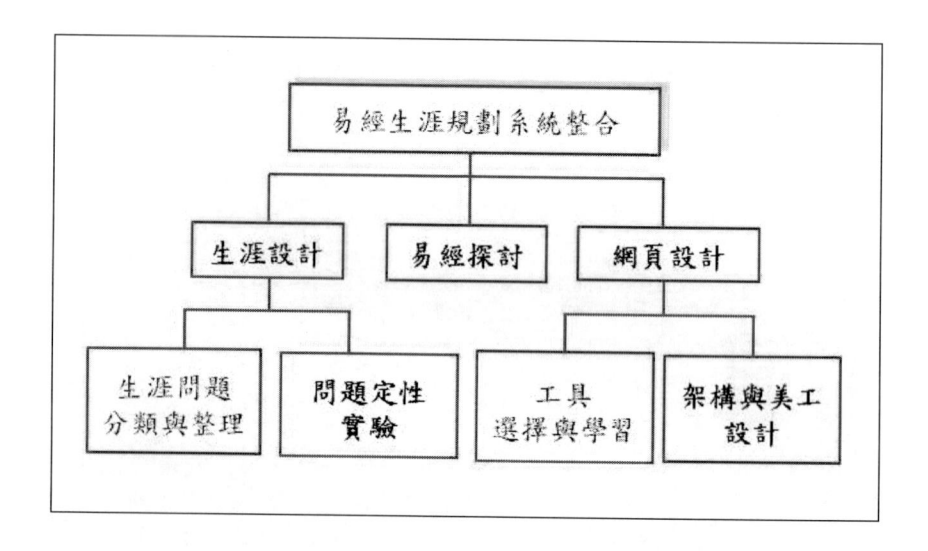

```
                    ┌─────────────────────┐
                    │ 易經生涯規劃系統整合 │
                    └──────────┬──────────┘
              ┌────────────────┼────────────────┐
          ┌───┴────┐       ┌───┴────┐       ┌───┴────┐
          │ 生涯設計 │       │ 易經探討 │       │ 網頁設計 │
          └───┬────┘       └────────┘       └───┬────┘
        ┌────┴────┐                        ┌────┴────┐
   ┌────┴───┐ ┌───┴────┐              ┌────┴───┐ ┌───┴────┐
   │生涯問題│ │問題定性│              │ 工具  │ │架構與美工│
   │分類與整理│ │ 實驗  │              │選擇與學習│ │  設計  │
   └────────┘ └────────┘              └────────┘ └────────┘
```

- 網頁設計：
  建立人機介面，系統網頁整合，演算法設計，程式製作。

- 生涯問題分類與整理：
  討論各種常見的生涯問題，主要以大學生可能遭遇的問題，為設計目標。確定問題類別，並提出符合易經卦象格式的問卷，設定陰陽對應關係。

- 問題定性實驗：
  將各類別問題，以過去、現在、未來等三種時相，設計問題之陳述方式。並收集受測對象，對問卷填寫之意見，進一步確定三種時相結果之權重。

- 工具選擇與學習：
  確認系統開發所需之技術，據此選定應用工具，進行邊做邊學 (On-Job-Training：OJT)。

- 架構與美工設計：
  系統概念圖、系統畫面設計、系統流程設計等，最主要的是易經生涯規劃系統之外部介面設計。

根據這些工作分項，經過專題小組分析後，其網狀圖被繪製如下：

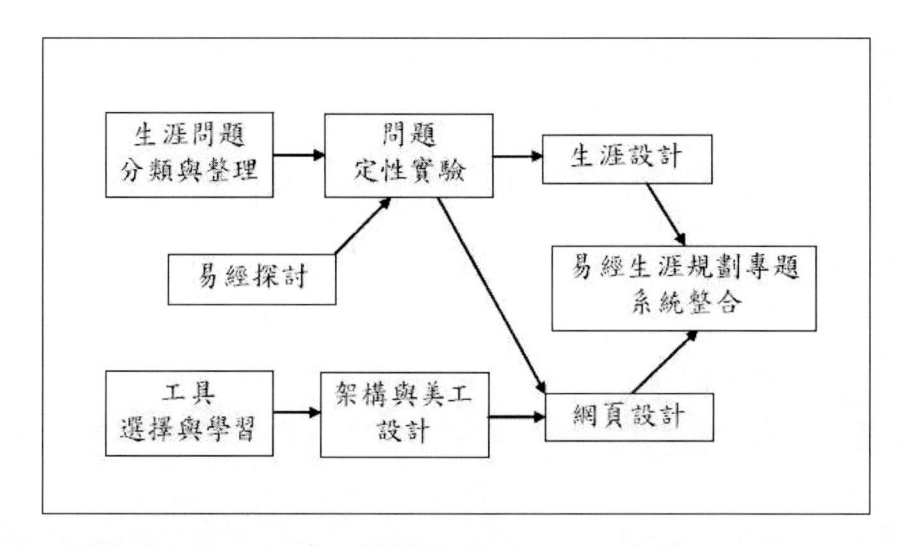

```
┌─────────────────────────────────────────────────────────┐
│                                                         │
│   生涯問題      →    問題      →    生涯設計             │
│   分類與整理         定性實驗                ↓          │
│                        ↑                                │
│                        │              易經生涯規劃專題   │
│                   易經探討            系統整合          │
│                                           ↑            │
│                                           │            │
│    工具       →    架構與美工    →    網頁設計          │
│    選擇與學習       設計                                │
│                                                         │
└─────────────────────────────────────────────────────────┘
```

此一範例為中興大學資訊管理系，某一年的畢業專題，時間是從二月一日開始，一直到同年的十二月中旬為止，總共期程約十一個月。由於中間有一段最重要的暑假，因此時程規劃時，把系統設計與製作，這類需要較多人力的工作項目，安排在暑假期間進行。經過仔細規劃後，最初設定的時程如下：

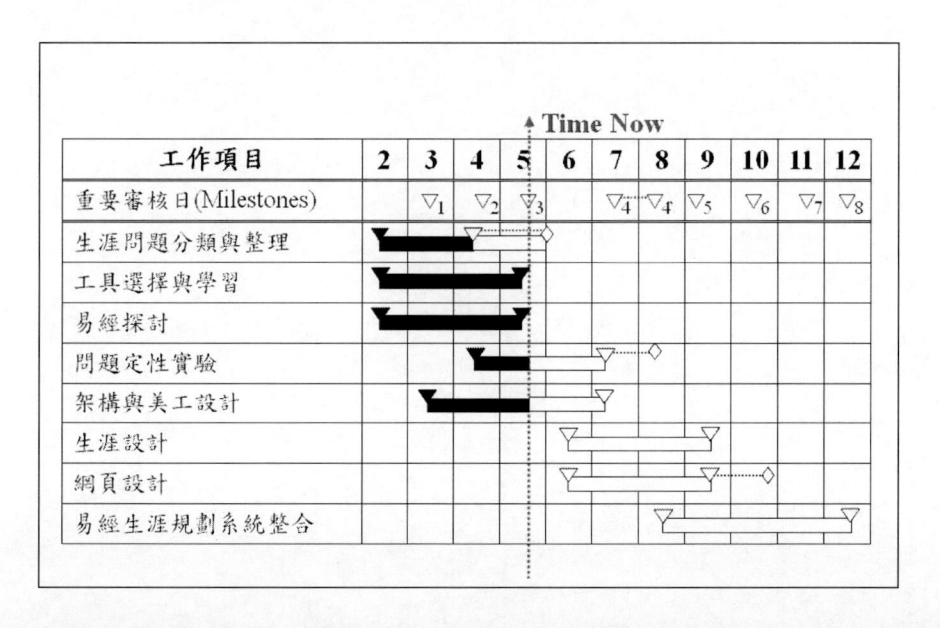

工作項目	2	3	4	5	6	7	8	9	10	11	12
重要審核日(Milestones)		∇_1	∇_2	∇_3		∇_4	$\nabla_{4'}$	∇_5	∇_6	∇_7	∇_8
生涯問題分類與整理											
工具選擇與學習											
易經探討											
問題定性實驗											
架構與美工設計											
生涯設計											
網頁設計											
易經生涯規劃系統整合											

▲ Time Now

審核項目：▽1：系統概念圖審查 (03/15)。▽2：問卷格式及內容審查 (04/30)。▽3：系統外部設計審查 (05/20)。▽4：系統內部設計審查。▽5：第一版系統整合審查 (09/01)。▽6：第二版系統整合審查 (10/15)。▽7：第三版系統整合審查 (11/30)。▽8：專題展示。

系統開發環境及參與人員技術背景需求。(略)

可能遭遇問題及結論。(略)

參考文獻 (略)

附錄 B

軟體審核指引 (Software Reviews Guidelines)

- 正式技術審核之基本觀念及指引：
    1. 審核的是產品，而不是審核產品設計製作者。
    2. 為正式審核安排資源及時程。
    3. 預定議程表 (Agenda)，並維持該議程時間表。
    4. 限制參加人數，堅持事先準備。
    5. 為審核者預做有效的訓練。
    6. 複核先前的審核。
    7. 對要審核的產品先列一份檢討清單 (Checklist)。
    8. 列出問題區，但是別想要解決所有問題。
    9. 限制爭執及爭吵。
    10. 資料記錄白紙黑字。
- 參與審核者在審核程序中所應注意事項之參考項目：
- 軟體專案規劃審查 (Software Project Planning, SPP/SDP)：
  審查要項：
    1. 軟體範疇 (Scope) 是否已清楚訂定並界定範圍？
    2. 所用名辭術語 (Terminology) 是否清楚？

	被審核者	審核者
審核前	1, 2, 3, 4, 5	1, 5, 6, 7
審核中	1, 3, 8	1, 8
審核後	1, 10	1, 10

    3. 所用的資源 (Resources) 是否適當？

    4. 資源是否現成已可以取得？

    5. 工作定義及先後次序是否清楚？資源之同時共用是否合理可行？

    6. 成本估算所用的基礎資訊是否合理？是否曾以兩種獨立方式做成本估算？

    7. 生產力及品質資料的歷史資料是否曾使用？

    8. 各種預估間的差異是否曾做綜合考量？

    9. 預訂的預算和時程是否合理？

    10. 時程是否一致 (Consistency)？

- 軟體需求分析審查 (Software Requirement Analysis)：
  審查要項：

  1. 資訊域 (Information Domain) 分析是否完整，一致及準確？
  2. 問題分解 (Partitioning) 是否完整？
  3. 外部及內部界面定義是否已適當定義？
  4. 所有的需求是否均可追蹤 (Trace) 至系統層次？
  5. 是否有為客戶做雛形 (Prototyping) 介紹？
  6. 在於其他系統單元之限，性能需求是否可以達成？
  7. 時程，資源，預算等是否能與需求配合一致？
  8. 驗證準則 (Validation Criteria) 是否完整？

- 初步設計評審 — Preliminary Design Review(PDR)：
  PDR 需先備妥之文件項目：

  1. 軟體高階設計文件 (Software Top Level Design Document — STLDD) ⟹ 完稿

附錄 B 軟體審核指引 (Software Reviews Guidelines)

2. 軟體測試計畫 (Software Test Plan － STP) ⟹ 完稿
3. 電腦系統操作員手冊 (Computer System Operator's Manual － CSOM) ⟹ 草稿
4. 軟體使用手冊 (Software User's Manual － SUM) ⟹ 草稿
5. 電腦系統診斷手冊 (Computer System Diagnosis Manual － CSDM) ⟹ 草稿
6. 電腦資源整合手冊 (Computer Resource Integrated System Document － CRISD) ⟹ 草稿

- PDR 對電腦軟體型態項目 (Computer Software Configuration Item － CSCI) 之審查項目要求：

   1. 功能流程－含 CSCI 及高階電腦軟體組件 (Top Level Computer Software Component － TLCSC)。
   2. 儲存分配－說明。
   3. 管制功能敘述。
   4. 型態項目結構。
   5. 安全。
   6. 可重入性。
   7. 軟體發展設施。
   8. 軟體發展設施對操作系統。
   9. 發展工具－說明中需含不能交付之項目。
   10. 測試工具－說明中需含不能交付之項目。
   11. 市場現有資源，商用現有裝備之性能、規格及限制之說明。
   12. 市場現有文件，商用手冊等。
   13. 支援資源。
   14. 操作及支援文件：各種操作及使用手冊 (CSOM, SUM, CSDM, CRISD)。
   15. 更新合約商資料需求清單 (Correction Data Requirement List － CDRL)。
   16. 其他配合硬體型態項目 (HardWare Configuration Item － HWCI) 之評審考量。

- PDR 評審要點：

    1. 鑑定 CSCI 與其他型態項目間之介面，均符合軟體需求規範 (Software Requirement Spec － SRS) 及界面需求規範 (Interface Requirement Spec － IRS) 之所有要求。
    2. 鑑定高階設計是否包括全部軟體及界面需求規範之所有需求項目。
    3. 鑑定已核准之設計方法是否已用於高階設計 (STLDD) 中。
    4. 鑑定適當之人性因素工程 (Human Factors Engineering － HFE) 原則是否已包含於此設計中。
    5. 鑑定計時 (Timing) 及大小 (Sizing) 限制是否已列入設計考慮。

- 關鍵設計評審 － Critcal Design Review(CDR)：
  CDR 需先備妥之項目：

    1. 軟體細部設計文件 (Software Detailed Design Document － SDDD) $\Longrightarrow$ 完稿
    2. 界面設計文件 (Interface Design Document － IDD) $\Longrightarrow$ 完稿
    3. 資料庫設計文件 (DataBase Design Document － DBDD) $\Longrightarrow$ 完稿
    4. 軟體測試描述 (Software Test Description － STD) $\Longrightarrow$ 完稿
    5. 電腦資源整合手冊 (CRISD) $\Longrightarrow$ 更新完稿
    6. 軟體程式員手冊 (Software Programmer's Manual － SPM) $\Longrightarrow$ 完稿
    7. 韌體支援手冊 (Firmware Support Manual － FSM) $\Longrightarrow$ 完稿
    8. 電腦系統操作員手冊 (CSOM) $\Longrightarrow$ 更新完稿
    9. 軟體使用手冊 (SUM) $\Longrightarrow$ 更新完稿
    10. 電腦系統診斷手冊 (CSDM) $\Longrightarrow$ 更新完稿

- CDR 中 CSCI 之審查項目要求：

    1. 軟體細部設計、資料庫設計、界面設計及其文件。
    2. 提供已完成之分析及測試等結果之支援資料。
    3. 各預定場所之軟體型態項目之系統分配文件。

4. 電腦資源整合手冊 (CRISD)。
5. 軟體程式員手冊 (SPM)。
6. 韌體支援手冊 (FSM)。
7. PDR 後之業務進展。
8. 更新之操作及支持文件 (CSOM, SUM, CSDM)。
9. 其餘重大事項之時程表。
10. 前已審查發佈與關鍵設計評審清單項目 (CDRL) 有關之軟體更新。

- CDR 評審要點：

    1. 評審 CSCI 對各低階電腦軟體組件 (Lower Level Computer Software Component — LLCSC) 之需求分配，此項分配之設計原則，CSCI 之軟體單元 (Unit) 與 LLCSC 之追蹤能力 (Traceability)，說明程式單元達成 TLCSC 之充分性與必要性。
    2. 評審軟體單元間之資料流程、各單元獲得管制之方法、彼此相關之單元順序。
    3. 評審 CSCI、TLCSCs、LLCSCs 及單元細部設計，包括定義、計時、大小、資料及儲存需求與配置。
    4. 評審所有界面之細部設計特性，包括資料來源、目的、界面名稱及相互關係，以及對直接記憶存取 (Direct Memory Access — DMA) 之設計。關鍵界面設計，含資料流程格式是否為固定式或隨動態因素變動等之審查。
    5. 評審資料庫之細部特性：
       評審資料庫結構及細部設計，包括檔案、資料錄、欄位及項目。存取規則，如檔案共用之控制法、系統失效後資料庫之恢復與再生程序、資料庫完整性規則。說明資料館規則及演算法，資料存取語言等。

- 功能型態稽核 — Functional Configuration Audit(FCA)：
  目的在證實型態項目之實際性能，FCA 為該型態項目是否會被接受之必要條件。軟體方面要求對測試報告及文件 CSOM，SUM，CSDM 等之確實及完整程度達成技術上之瞭解。

  FCA 評審要點：

1. 合約商向稽核小組簡報，紀錄各 CSCI 測試結果及決定。
2. 做一次正式 STP/STD/ 測試程序之稽核，檢查其結果之完整性與正確性。
3. 稽核軟體測試報告。
4. 評審工程修改建議書 (Engineering Change Proposal — ECP)。
5. 文件版本修訂確認。
6. 鑑定 PDR/CDR 會議記錄。
7. 評審界面需求測試。
8. 依據需求，評審資料庫、儲存配置、計時及順序 (Sequencing) 特性。

- 實體型態稽核 — Product Configuration Audit (PCA)：
  目的是針對型態項目之已完成設計 (As-built) 文件，做正式鑑定，以建立產品基準。

  PCA 評審要點：

  1. 評審包括軟體產品規範所有文件之格式。
  2. 評審 FCA 時紀錄之缺失及所採取的行動。
  3. 評審設計說明文件記載之條文、符號、標籤、參考符號及資料說明是否恰當。
  4. 比較低階設計與軟體清單 (Software Listing) 之一致。
  5. 檢驗文件表格之完整性及是否按文件撰寫指引 (Data Item Description — DID) 撰寫文件，檢驗 SUM、SPM、CSOM、FSM、CSDM 手冊。
  6. 檢驗實際的電腦軟體型態項目之傳送媒體，如光碟或磁碟，以確定其按照 SRS 第五章之需求。
  7. 根據核定之程式編碼標準 (Coding Standard)，評審表列程式之註解。

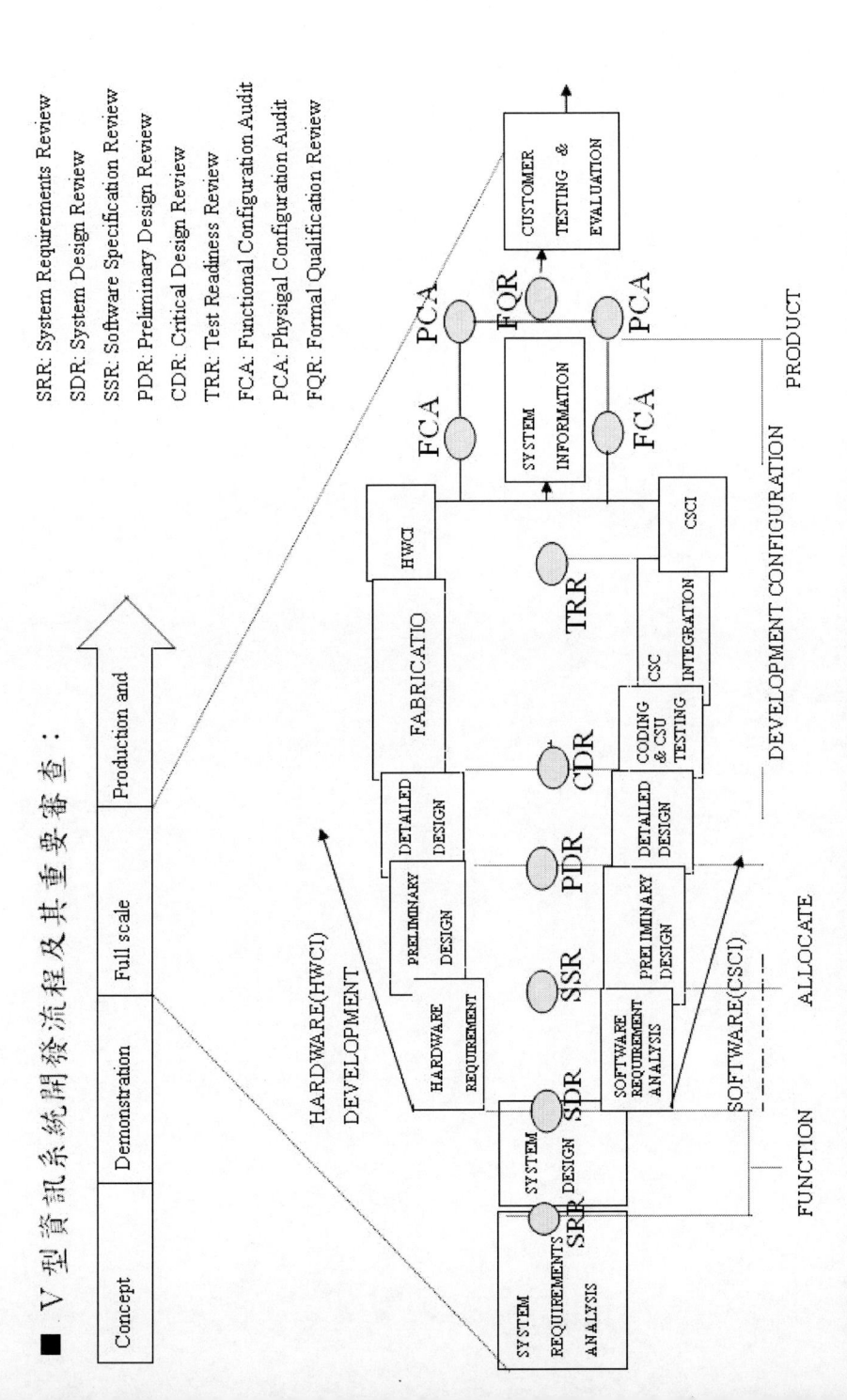

附錄 B 軟體審核指引 (Software Reviews Guidelines)

■ V型資訊系統開發流程及其重要審查：

Concept	Demonstration	Full scale	Production and

SRR: System Requirements Review
SDR: System Design Review
SSR: Software Specification Review
PDR: Preliminary Design Review
CDR: Critical Design Review
TRR: Test Readiness Review
FCA: Functional Configuration Audit
PCA: Physigal Configuration Audit
FQR: Formal Qualification Review

SYSTEM DEVELOPMENT STANDARD STEPS (INCLUDING REVIEWS AND AUDITS) WITHIN THE SYSTEM LIFE CYCLE

附錄 C

XX 計畫工作條款 (SOW of Project XX)

主要提供一份工作條款之文件書寫格式，通常大型專案都必須要說明很多項工作條款，而這些工作條款，將來應該都會是一個專案的型態管制項目。換言之，是一個完整的分項專案，有其專屬的專案小組。

目錄
0. 前言
1. 計畫概要
　1.1. 工作目標
　1.2. 工作期程
　1.3. 建案及參考資料
　　1.3.1. 建案依據文件
　　1.3.2. 參考資料
2. 工作說明
　2.1. 工程定義
　2.2. XX 系統
　　2.2.1. 工作要項
　　2.2.2. 系統設計
　　2.2.3. 硬體規劃
　　2.2.4. 軟體設計
3. 測試評估
　3.1. 目標
　3.2. XX 科目及期程規畫
　　3.2.1. XX 規畫
　　3.2.2. 測試需求
...
4. 專案管理
　4.1 專案組織及職掌
　4.2. 進度管制
　4.3. 專案管理審查
　4.4. 風險管理
　4.5. 次合約商履約管理
　4.6. 產出物及解繳期程
　4.7. 文件資料

   2.2.5. 整合測試
  2.3. XX 系統
   2.3.1. 工作要項
   2.3.2. 系統設計
   2.3.3. 硬體規劃
   2.3.4. 整合測試
...
  2.x. xx 支援
   2.x.1. 工作定義
   2.x.2. 可靠度
   2.x.3. 維護度
   2.x.4. 系統安全
   2.x.5. 零件標準化
   2.x.6. 後勤支援分析
   2.x.7. 技術手冊及文件
   2.x.8. 訓練
   2.x.9. 支援裝備

5. 型態管理
 5.1. 型態認定
 5.2. 型態變更管制
 5.3. 型態稽核
 5.4. 型態現況反映
 5.5. 資料管理與保存
6. 品質保證
 6.1. 品質保證系統
 6.2. 品質保證作業流程
  6.2.1. 設計研改階段
  6.2.2. 物料獲得階段
  6.2.3. XX 階段
 ...
7. 英文縮寫字

附錄 D

縮略字 (Acronyms)

A
ADM: Arrow Diagram Method

C
CPFF: Cost Plus Fixed Fee
CPIF: Cost Plus Incentive Fee
COCOMO Model: COnstructive COst MOdel
CM: Configuration Management
CSOM: Computer System Operator's Manual
CSDM: Computer System Diagnosis Manual
CRISD: Computer Resource Integrated System Document
CSCI: Computer Software Configuration Item
CDRL: Correction Data Requirement List
CDR: Critcal Design Review

D
DD: Data Document
DBDD: DataBase Design Document
DMA: Direct Memory Access
DID: Data Item Description

E
ECP: Engineering Change Proposal
ECP: Engineering Change Proposal

F
FFP: Firm Fixed Price
FP: Fixed Price
FSM: Firmware Support Manual
FCA: Functional Configuration Audit

H
HWCI: HardWare Configuration Item
HFE: Human Factors Engineering

I
IV&V: Independent Validate and Verify
IRS: Interface Requirement Spec
IDD: Interface Design Document

L
LLCSC: Lower Level Computer Software Component

P
PDP: Project Development Plan
PERT: Project Evaluation Review Technique
PDM: Precedence Diagram Method
PDR: Preliminary Design Review
PCA: Product Configuration Audit

Q
QA: Quality Assuranc

R
RFP: Request for Proposal
RFQ: Request For Quotation
REVIC Model: REVise Intermediate Cocomo Model

S
SS: System Spec.
SOW: Statement Of Work
SDG2.0: Software Development Guide
SOP: Standard Of Procedure
SPP/SDP: Software Project Planning
STLDD: Software Top Level Design Document
STP: Software Test Plan
SUM: Software User's Manual
SDDD: Software Detailed Design Document

T
T and M: Time and Material
TBAOA: Time-Based AOA
TLCSC: Top Level Computer Software Component
SRS: Software Requirement Spec
STD: Software Test Description
SPM: Software Programmer's Manual

W
WBS: Work Breakdown Structure

附錄 E

專有名詞中英譯對照表

A

Acceptance Plan（驗收規劃）
Access（存取）
Action Item List（行動項目單）
Activities（工作項目）
Activity/WBS items（分工作項目）
Adjustments（調整）
Agenda（議程表）
Appendices（附錄）
Approval（決行）
Arrow Diagram Method（有向圖）
As-built（已完成設計）
Authorization（授權）

B

budget（預算）
Budget and Resource Planning（預算與資源規劃）

C

Case Study（案例研讀計畫）
Characteristic（特徵）s
Checklist（審核項目）
Checklists（注意事項）
Chief Programmer Team（主程式師組織）
Coding（程式撰寫）
Coding Standard（程式編碼標準）
Computer charge（電腦使用）s
Correction Data Requirement List － CDRL（合約商資料需求清單）
Computer Resource Integrated System Document － CRISD（電腦資源整合手冊）
Computer Software Configuration Item － CSCI（電腦軟體型態項目）
Computer System Diagnosis Manual － CSDM（電腦系統診斷手冊）
Computer System Operator's Manual － CSOM（電腦系統操作員手冊）
Concept Prototype（概念雛型）
Configuration Management － CM（型態管理）
Consistency（一致）
Contract Items（合約內容）
Contract Negotiation（合約協商）
Contractor（承包商）
Contractor's Goals（合約商的目標）
Contractor Organization（承包商代表）
Cost（成本）
Cost Budget（成本要求）
Cost Distribution（成本分佈圖）
Cost Plus Fixed Fee － CPFF（成本加固定利潤）
Cost Plus Incentive Fee － CPIF（成本加浮動利潤）
Critcal Design Review—CDR（關鍵設計評審）
Critical Path（關鍵路徑）
Customer（客戶）
Customer's Goals（顧客的目標）
Customer Organization（顧客代表）
Customer Organization Contact Points（客戶的代表關係人）

D

database（資料庫）
DataBase Design Document － DBDD（資料庫設計文件）
Data Item Description － DID（文件撰寫指引）
Define（定義）
Development Process（發展程序）
Document（文件）
Delay（延遲）
Democratic（民主式組織）

Direct Memory Access － DMA（直接記憶存取）
Design（設計）
Dummy Activity（代工作項目）

E
Earn Value（增值點/估價）
Economic（經濟）
Embedded Mode（嵌入型軟體專案）
Engineering Change Proposal—ECP（工程修改計畫書）
Event（事件）
Evolutionary Prototyping（演進式雛型）
Executive Summary（重要主管）

F
Firm Fixed Price—FFP（鐵定不二價）
Firmware Support Manual － FSM（韌體支援手冊）
Fixed Price － FP（不二價）
Full Time Members（全職的專案成員）
Functional Configuration Audit － FCA（功能型態稽核）
Functional Organization（功能式組織架構）

G
Gantt Chart（甘特圖）
General and Administrative（一般行政費）

H
HardWare Configuration Item － HWCI（硬體型態項目）
Hierarchical Team（階層式組織）
Human Factors Engineering － HFE（人性因素工程）

I
Independent Validate and Verify － IV&V（獨立驗證與測試）
Information Domain（資訊域）
Input（輸入）
Interface（介面）
Interface Definitions（協調介面）
Interface Design Document － IDD（界面設計文件）
Interface Requirement Spec － IRS（界面需求規範）

J
Join Venture（合作開發型式）

L
Labor（人事費）
Lead（領導）
Life Cycle（生命週期）
Logistic Support（後勤支援）
Lower Level Computer Software Component － LLCSC（低階電腦軟體組件）

M
Main Proposal（建議書主體）
Management（管理）
Management Process（管理程序）
Marketplace（市場）
Master Schedule（主要時程）
Matrix Organization（矩陣式組織架構）
Metrics（量化）
Milestones（階段性審核）
Monitor（監控）

N
Nature of Project Reviews（專案審核的內容）

Negotiations and contracts（協商與合約）
Network Diagram（網狀圖）
Node Event（節點條件）
Non-labor（非人事費）

O

Operating System（作業系統）
Organic Mode（基本型軟體專案）
Organization（組織）
Organization and Authorization（組織與授權）
Origin（原創性）
Output（輸出）
Outsourcing（外包）
Overhead（業務費）

P

Partitioning（分解）
Part Time Members（兼辦的成員）
Performance Specification（效能要求）
Plan（規劃）
Planning（規劃）
Planning Activities（專案工作規劃）
PM（專案經理）
Political（政治）
Post-Submission（後續處理）
Precedence Diagram Method（工作順序圖）
Preliminary Design Review—PDR（初步設計評審）
Price（價格）
Prime Group（關鍵技術團隊）
Procedural Language（程序化語言）
Process（功能）
Procurement Process（採購程序）
Product（產品）
Product Configuration Audit—PCA（實體型態稽核）
Program Progress Monitoring（專案發展控制）
Project Configuration Management（專案的型態管制）
Project Development Plan — PDP（專案發展計畫書）
Project Evaluation Review Technique（專案評核術）
Project Management Organization Chart（專案組織表）
Project Organization（專案式組織架構）
Project Progress Monitoring（專案發展控制）
Project Requirements（專案執行要件）
Project Summary（專案總說）
Project Team（專案團隊）
Project Value（專案價值）
Proposal（專案建議書）
Prototype（雛型）
Purchases（採購）

Q

Quality Assuranc-QA（品質保證）
Quasi-Matrix Organization（準矩陣式組織架構）

R

Recommended Reading（進階參考資料）
Replan（重規劃）
Request For Quotation-RFQ 詢價單）
Requirement（需求）
Requirement Analysis（需求分析）
Resources（資源）
Response Ability（回應能力）

Review（審核會）
Rework（重做）
Risk and Contingency Analysis（風險與意外分析）

S
SA（系統分析師）
Scale（規模）
Schedule Delay or Sleep（時程延宕或中止）
Scheduling（時程規劃）
Scope（軟體範疇）
SD（系統設計者）
Semi-Detached Mode（半離型軟體專案）
Sequencing（順序）
Single Point Contact（單點聯絡人）
Sizing（大小）
Slack（彈性）
Social（社會）
Software Detailed Design Document — SDDD（軟體細部設計文件）
Software Listing（軟體清單）
Software Programmer's Manual — SPM（軟體程式員手冊）
Software Project Planning, SPP/SDP（軟體專案規劃審查）
Software Requirement Analysis（軟體需求分析審查）
Software Requirement Spec — SRS（軟體需求規範）
Software Reviews Guidelines（軟體審核指引）
Software Test Description — STD（軟體測試描述）
Software Test Plan — STP（軟體測試計畫）
Software Top Level Design Document — STLDD（軟體高階設計文件）
Software User's Manual — SUM（軟體使用手冊）
Software value chain（軟體價值鏈）
SOW（工作條款）
Standard Of Procedure — SOP（標準作業程序）
Standards for Property Control and Security（財產控管標準及安全性）
Subcontracts（子合約）
Submission（遞交專案建議書）

T
Task Force（緊急應變小組）
Technical（技術說明）
Team Member（專案成員）
Testing（測試）
Terminology（名辭術語）
Theme（主要訴求）
Theme Fixation（優勢主軸）
Throwaway Prototyping（拋棄式雛型）
Time and Material — T and M（依進度計價）
Time Schedule（時間要求）
Timing（計時）
Top Level Computer Software Component — TLCSC（高階電腦軟體組件）
Trace（追蹤）
Traceability（追蹤能力）
Travel（差旅）
Tree（樹）
Triple Constraints（三重限制）

U
Uniqueness（唯一性）
Unit（單元）
User（使用者）

V

Validate（驗証）
Validation Criteria（驗證準則）
Verify（測試）
Viable Plan（有效的備案）

W
Water-fall Model（流水式程序）
Work Breakdown Structure － WBS
（分工架構）